U0120209

森林空间结构分析

（第二版）

汤孟平　陈永刚　徐文兵　赵明水　著

科 学 出 版 社

北 京

内 容 简 介

本书是关于森林空间结构分析理论、方法与应用的专著，详细介绍了森林空间数据采集与森林空间结构分析的理论与方法，提出了基于 GIS 的森林空间结构分析方法和森林拓扑关系分析方法，重点论述了基于 GIS 的森林空间结构优化调控模型的建立与求解，给出了森林空间结构分析理论与方法的具体应用实例。

本书可供农林院校师生、林业科技人员和相关决策人员阅读使用。

图书在版编目（CIP）数据

森林空间结构分析 / 汤孟平等著. -- 2 版. -- 北京 : 科学出版社, 2024. 7. -- ISBN 978-7-03-078812-2

Ⅰ. S718.45

中国国家版本馆 CIP 数据核字第 2024R59F87 号

责任编辑：张会格　付　聪 / 责任校对：郑金红
责任印制：肖　兴 / 封面设计：无极书装

科学出版社 出版
北京东黄城根北街 16 号
邮政编码: 100717
http://www.sciencep.com
北京九州迅驰传媒文化有限公司印刷
科学出版社发行　各地新华书店经销
*
2024 年 7 月第　一　版　开本：720×1000 1/16
2024 年 7 月第一次印刷　印张：11
字数：219 000

定价：149.00 元

（如有印装质量问题，我社负责调换）

序

森林经营管理的目的是培育健康的、稳定的森林生态系统，以便最大限度地发挥森林的多种效益。健康稳定的森林生态系统都有合理的结构，包括非空间结构和空间结构。传统的森林经营关注森林的非空间结构，如树种组成、林分密度、直径结构和树高结构等。现代森林经营开始强调森林的空间结构，如林木空间分布格局、树种混交、树木竞争等。目前，我国森林资源质量低下的局面仍未改变，森林空间结构不合理是重要原因之一。森林空间结构的研究可以揭示森林空间结构与森林生长发育以及森林功能的关系，可为调控不合理的森林空间结构提供依据。

要提高我国森林的质量，对森林空间结构进行优化调控是一种重要手段，这需要有理论与技术创新的支撑。多年来，该书作者持续开展森林空间结构与功能关系的研究，并取得了重要进展，提出了一个实用的森林空间结构分析的理论体系，发展了基于 GIS 的森林空间结构分析方法，分析了常绿阔叶林和近自然毛竹林的空间结构的重要特征，并建立了相应的空间结构优化调控模型。这些进展可加深人们对森林结构与功能关系的认识，对提高我国森林经营管理水平具有重要参考意义。

该书反映了未来森林经营管理的精准化、结构化和最优化发展趋势，也体现了林学与生态学、地理信息科学、数学等学科交叉与结合的特点。在该书出版之际，我表示祝贺。我相信该书对于林学、生态学、地理信息系统或其他相关专业的本科生和研究生、教师和科技人员将是一本很好的参考书。

唐守正

唐守正

中国林业科学研究院首席科学家

中国科学院院士

2024 年 5 月

前　言

森林是实现环境与发展相统一的纽带。森林不仅可以提供人类生存与发展的物质产品和环境服务功能，而且在维护全球生态平衡和保护生物多样性中具有重要作用。因此，如何经营管理森林以便持续发挥森林的多种功能，一直是研究的焦点问题。森林结构决定其功能，维持森林结构的最佳状态是持续发挥森林多种功能的基本前提。

森林空间结构是基于树木位置的结构，它是影响森林健康与稳定的重要结构。掌握森林空间结构分析方法，制定合理的经营措施，优化和调控森林空间结构，是持续发挥森林多种功能的有效途径。以精准化和最优化为核心的森林空间结构分析理论与方法是传统森林经营管理理论的新发展，代表未来森林经理发展的方向。

本书详细阐述了森林空间结构分析的基本理论、分析方法和最新研究进展，并用实例说明其具体的应用。本书共分 9 章。第 1 章主要介绍森林空间结构研究的现状和发展趋势。第 2 章介绍了主要研究区的自然条件和人文历史。第 3 章介绍了森林空间结构研究的常用仪器设备、数据采集方法和数据质量分析。第 4 章介绍了森林空间结构的概念和常用森林空间结构分析指数。第 5 章介绍了基于 GIS 的空间分析功能进行森林空间结构分析的新方法。第 6 章详细分析了浙江天目山国家级自然保护区常绿阔叶林的空间结构特征，包括林木空间分布格局、树木竞争和树种混交等。第 7 章以浙江天目山国家级自然保护区内的近自然毛竹林为研究对象，阐明了毛竹林的生长状态、毛竹林空间结构及毛竹林空间结构与生物量的关系。第 8 章以云冷杉林、常绿阔叶林和毛竹林为例，介绍了森林空间结构优化调控的一般模型，以及基于 GIS 的森林空间结构优化调控模型的建立与求解。第 9 章介绍了森林拓扑关系的概念、混交林拓扑关系分析和混交林空间结构稳定性分析，以及混交林空间结构对树木生长的影响。

本书第 1 章、第 4 章、第 5 章、第 7～第 9 章由汤孟平执笔，第 2 章由赵明水执笔，第 3 章由徐文兵执笔，第 6 章由汤孟平、陈永刚执笔，全书由汤孟平审核。

本书内容是第一作者读博期间（2000～2003 年）研究工作的继续，衷心感谢第一作者导师唐守正先生（著名森林经理学家、中国林业科学研究院研究员、中国科学院院士）的悉心指导！并对中国林业科学研究院资源信息研究所的老师及汪清县林业局金沟岭林场科研组的成员在前期研究工作中提供的帮助表示感谢！对浙江天目山国家级自然保护区管理局的领导和技术人员在后期研究工作中提供的大力支持表示感谢！

浙江农林大学森林经理学科的全体老师以各种方式支持本研究的开展，特别是施拥军、吴亚琪两位老师参加了样地设置和外业调查，在此对他们的支持表示衷心的感谢！对参加外业调查和数据处理、分析的研究生方国景、邓英英、娄明华、仇建习、沈利芬、赵赛赛、唐思嘉、杜秀芳、沈钱勇、杨帆、张毅锋、龙俊松、陈睿、窦啸文、吴登瑜和张笑菁，以及林学、林业技术、地理信息科学、测绘工程和城乡规划专业的部分本科生表示感谢！

本书内容是国家自然科学基金面上项目（31170595、30871963、30471390、31870617）和浙江省自然科学基金项目（Y3080261、Y305261）的研究成果。此外，本研究还获得“十二五”国家科技支撑计划课题（2012BAD22B0503）、浙江省科学技术厅面上项目（2009C32063）、浙江省重点科技创新团队项目（2010R50030）和教育部留学回国人员科研启动基金的资助。在此一并表示感谢！

限于作者的学识水平，书中疏漏之处在所难免，敬请读者批评指正。

著 者

2024年2月5日，于浙江杭州

目　　录

第 1 章　绪论……1
1.1　森林空间结构研究现状……1
1.2　森林空间结构研究发展趋势……4
第 2 章　研究区概况……6
2.1　自然条件……6
2.1.1　地理位置……6
2.1.2　地质地貌……6
2.1.3　气候……6
2.1.4　土壤……7
2.1.5　生物资源……7
2.1.6　古树名木资源……8
2.1.7　森林资源……8
2.2　人文历史……8
第 3 章　固定标准地测设与树木空间数据采集……10
3.1　引言……10
3.2　仪器设备……12
3.2.1　概述……12
3.2.2　全站仪的结构……12
3.2.3　南方 NTS355 型全站仪操作方法……13
3.3　数据采集方法……15
3.3.1　固定标准地布设方法……15
3.3.2　全站仪距离交会法……16
3.3.3　固定标准地边桩测设和每木定位的方法……16
3.4　数据质量分析……18
3.4.1　测量精度分析……18
3.4.2　测量误差控制……20

3.5 小结……21
第 4 章 森林空间结构分析基本理论……23
4.1 森林空间结构的概念……23
4.2 林木空间分布格局分析……24
4.2.1 聚集指数……24
4.2.2 Ripley's $K(d)$函数……27
4.3 竞争分析……30
4.3.1 竞争指数……30
4.3.2 大树均匀分布的竞争格局……31
4.3.3 竞争指数与竞争方式……32
4.3.4 竞争指数的性质……35
4.4 混交度……36
4.4.1 简单混交度……36
4.4.2 树种多样性混交度……37
第 5 章 基于 GIS 的森林空间结构分析……40
5.1 概述……40
5.2 竞争分析……40
5.2.1 问题提出……40
5.2.2 竞争单元……41
5.2.3 竞争指数……42
5.2.4 边缘矫正……43
5.3 混交度分析……43
5.3.1 问题提出……43
5.3.2 混交度计算……43
5.3.3 边缘矫正……44
5.3.4 全混交度……44
5.4 林木空间分布格局分析……55
第 6 章 常绿阔叶林的空间结构特征……56
6.1 引言……56
6.2 林木空间分布格局……56
6.2.1 研究方法……56
6.2.2 结果分析……58

6.3 树木竞争……64
6.3.1 研究方法……64
6.3.2 结果分析……65
6.4 树种混交……70
6.4.1 研究方法……70
6.4.2 结果分析……70
6.5 小结……74
第7章 近自然毛竹林的空间结构特征……76
7.1 引言……76
7.2 研究方法……77
7.2.1 固定标准地调查方法……77
7.2.2 毛竹林生长状态分级方法……77
7.2.3 空间结构单元及其边缘矫正方法……78
7.2.4 空间结构分析方法……78
7.2.5 毛竹林生物量计算方法……79
7.2.6 主成分分析方法……80
7.3 结果分析……80
7.3.1 毛竹林生长状态分析……80
7.3.2 毛竹林年龄结构特征……81
7.3.3 对象竹的最近邻竹株数与生物量的关系……81
7.3.4 竞争指数与生物量的关系……83
7.3.5 年龄隔离度与生物量的关系……84
7.3.6 聚集指数与生物量的关系……84
7.3.7 空间结构指数主成分分析……85
7.4 小结……86
第8章 森林空间结构优化调控模型……87
8.1 引言……87
8.2 森林空间结构优化调控的一般模型……89
8.2.1 目标函数的确定……89
8.2.2 约束条件的设置……91
8.2.3 模型的建立……93

8.2.4 模型求解……95
8.2.5 云冷杉林空间结构优化调控模型……96
8.2.6 小结……107
8.3 常绿阔叶林空间结构的优化调控模型……108
8.3.1 模型的建立……109
8.3.2 模型求解方法……112
8.3.3 空间结构单元与边缘矫正……113
8.3.4 研究区与样地调查……113
8.3.5 模型参数的确定……113
8.3.6 模型求解……116
8.3.7 结果与分析……116
8.3.8 小结……120
8.4 毛竹林空间结构优化调控模型……120
8.4.1 模型的建立……121
8.4.2 空间结构单元与边缘矫正……124
8.4.3 研究区与样地调查……125
8.4.4 模型初始参数……125
8.4.5 模型求解……126
8.4.6 结果与分析……127
8.4.7 小结……129
第9章 森林拓扑关系分析……130
9.1 森林拓扑关系的概念……130
9.2 混交林拓扑关系分析……131
9.2.1 混交林拓扑邻接关系分析……131
9.2.2 混交林拓扑包含关系分析……134
9.2.3 混交林拓扑关联关系分析……136
9.3 混交林空间结构稳定性分析……138
9.3.1 常绿阔叶林空间结构稳定性分析……138
9.3.2 针阔混交林空间结构稳定性分析……140
9.3.3 常绿阔叶林和针阔混交林空间结构稳定性比较……144
9.4 混交林空间结构对树木生长影响的研究……144

9.4.1 常绿阔叶林空间结构对树木生长影响的研究 ······ 145
9.4.2 针阔混交林空间结构对树木生长影响的研究 ······ 148
9.4.3 常绿阔叶林和针阔混交林空间结构对树木生长影响的比较 ······ 149
9.5 小结 ······ 150
主要参考文献 ······ 151

第1章　绪　　论

1.1　森林空间结构研究现状

在一定环境下，系统的结构决定系统的功能。结构是功能的内在根据，功能是要素与结构的外在表现（李惠彬和张晨霞，2013）。森林经营活动塑造森林结构（Aalto *et al.*，2023），通过森林经营，创建复杂的森林结构已被认为是提高森林生态系统稳定性、适应性、恢复力、生物多样性和生产力的有效途径（Hardiman *et al.*，2011；Puettmann *et al.*，2012；Messier *et al.*，2013；Zenner，2015；Liang *et al.*，2016；Ehbrecht *et al.*，2017）。

森林空间结构依赖于树木的空间位置，这是区别于森林非空间结构的主要标志。与森林非空间结构相比较，森林空间结构具有更精确的结构信息，在森林结构优化调控中具有重要意义。传统的森林经营较多关注非空间结构（如树种组成、年龄结构、树高、胸径、密度、断面积和蓄积等）的调整（Nyland，2003；Loewenstein，2005；Li *et al.*，2014）。事实上，森林空间结构是森林生长过程的驱动因子，对森林未来的发展具有决定性作用（Pretzsch，1997）。试图促进森林发展的干扰（如择伐、抚育间伐等）主要表现为改变森林空间结构（Pommerening，2006；Acquah *et al.*，2023）。由于森林经营的本质是优化调控森林结构，而精确的空间结构是优化调控的关键要素（汤孟平，2010）。近年来，欧洲林业发达的国家（如德国、英国等）为把大面积生态经济效益低的针叶纯林转变为生物多样性和稳定性高的阔叶混交林，纷纷开展以择伐为主要措施的森林空间结构调整研究（Kerr，1999；Hanewinkel and Pretzsch，2000；Aguirre *et al.*，2003；Kint *et al.*，2003；Spathelf，2003）。而北美洲国家则注重森林空间结构分析，为森林生长和林分动态模拟提供了依据（Antos and Parish，2002；Béland *et al.*，2003；North *et al.*，2004）；或者在把同龄林转变为异龄林的过程中，通过择伐和天然更新，既可以调整森林的年龄结构，又可以影响森林未来的林木空间分布格局和物种多样性（Nyland，2003；Loewenstein，2005；Sharma *et al.*，2019；Frazier *et al.*，2021）。这些研究表明，森林空间结构是森林经营的关键要素，已成为研究的焦点。

森林空间结构分析和比较是目前十分活跃的研究领域。Aguirre 等（2003）用 50m×50m 的固定样地研究了墨西哥杜兰戈（Durango）天然林的混交度，结果表明，树种奇瓦瓦云杉（*Picea chihuahuana*）、杜兰戈冷杉（*Abies durangensis*）和墨西哥柏木（*Cupressus lindleyi*）的混交度分别为0.95、0.80和0.47，说明存在较大的种间隔离差异。Põldveer 等（2020）研究了爱沙尼亚的欧洲赤松（*Pinus sylvestris*）林和挪威云杉（*Picea abies*）林的空间结构，发现大树（胸径≥40cm）的混交度大于小树（胸径<40cm）的混交度，大树在维持结构多样性方面具有重要作用。Béland 等（2003）采用 Hegyi（1974）竞争指数分析了魁北克省的北美短叶松（*Pinus banksiana*）纯林、北美短叶松与颤杨（*Populus tremuloides*）和北美白桦（*Betula papyrifera*）混交林的种内、种间竞争关系，结果显示，颤杨和北美白桦的竞争降低了北美短叶松的密度。De Groote 等（2018）提出了一个与距离有关的竞争指数，并用于分析比利时北部夏橡（*Quercus robur*）、欧洲山毛榉（*Fagus sylvatica*）和红橡（*Quercus rubra*）3个树种的所有组合的混交林竞争与生产力的关系，结果表明，种内、种间和总竞争指数与单木断面积年生长量均呈负相关关系。Zeller 和 Pretzsch（2019）采用聚集指数（Clark and Evans，1954）分析了中欧地区森林在自然生长过程中林木空间分布格局的变化趋势，结果表明，林木趋于均匀分布（聚集指数>1）。Pommerening（2006）选择来自德国、希腊、威尔士的4个大小不等的样地（50m×50m、40m×30m、50m×40m、22m×12m），用聚集指数、混交度等多个空间结构指数对森林空间结构进行描述，给出了多尺度、多指数的森林空间结构比较分析方法。

现有森林空间结构研究的另一个显著特点是模拟研究。由于树木生长周期长，短时间内难以得出一般性结论，模拟就成为理解森林空间结构和动态的重要手段（Courbaud *et al.*，2001；Coates *et al.*，2003；Genet and Pothier，2013）。在德国，大面积针叶同龄纯林经营的生态效益和经济效益不理想，国家林业局倡导采用近自然林业思想把同龄纯林转变为异龄混交林。由于缺乏相关研究基础，对于大面积森林类型转变的效果尚难以估计。于是，Hanewinkel 和 Pretzsch（2000）采用模拟挪威云杉从同龄纯林转变为异龄混交林的方法，模拟中采用了聚集指数、分隔指数和香农-维纳多样性指数（Shannon-Wiener 多样性指数）等，转变的主要措施是择伐劣质的优势或亚优势木，转变后的异龄混交林空间结构得到了明显改善，生物多样性指数得到了提高。与此类似，Kint（2005）对欧洲赤松老龄林转变为阔叶混交林进行模拟研究时，应用了聚集指数、分隔指数和混交度等空间结构指数，结果表明，森林转变类型后，各树种的混交度有增加趋势，分布格局从聚集或均匀分布转向随机分布，树木大小多样性提高。可见，森林类型转变不仅要改变树种组成，而且要关注空间结构，近自然的结构与功能最优。Courbaud 等（2001）模拟了不同择伐方式（包括单株择伐和群状择伐）对法国阿尔卑斯山挪威云杉异龄林空间结构与生长的影响。两种择伐方式采伐参数相同，每公顷采伐80株，采伐木胸径 47cm。结果表明，单株择伐增加了树木间距，有利于大树（胸径 45～50cm）生长；群状择伐改善了光照条件，有利于中等树木（胸径 25～30cm）生长及幼树更新。研究认为，择伐是异龄林经营的关键，也是森林空间结构调整的主要措施。目前，中欧国家的主要经营措施（单株择伐或群状择伐）均模拟了天然林的竞争或自然枯死的自稀疏现象（Feldmann *et al.*，2018）。可见，模拟天然林的空间结构和动态已成为现代森林经营理论研究的一种重要手段（Gustafsson *et al.*，2012；Nagel *et al.*，2013；Stiers *et al.*，2018）。

应用森林空间结构指数制定森林经营措施的研究还十分少见。一个典型的例子是 Kint 等（2003）研究通过择伐把针叶林转变为阔叶混交林后森林空间结构的变化。研究中，用聚集指数和混交度等分析比利时 Ravels（1908 年人工造林）和 Hechtel（1907 年人工造林）两地的欧洲赤松人工林的空间结构变化。Ravels 的人工林在 1960～1993 年多次择伐，代表人为干扰的结果；Hechtel 的人工林没有人为干扰，代表竞争和自然稀疏的结果。固定样地面积均为 $1hm^2$，分别于 1992 年和 1998 年进行两次调查。结果表明，两个样地的聚集指数表现出相似的特点，各树种呈随机或均匀分布趋势，没有一个树种是聚集分布。这是长期随机择伐（Ravels）、竞争与自然稀疏（Hechtel）的结果。强度择伐使 Ravels 的欧洲赤松接触其他树种的可能性增大，因此其混交度增加。而在 Hechtel，竞争导致夏橡死亡，也提高了这个树种的混交度。研究同时指出，优势树种具有较低的混交度，因为最近邻木中较少有其他树种。Kint 等（2003）的研究结果表明，可以把空间结构指数用于监测经营措施和自然竞争对森林结构的影响，并预测其发展趋势。Kint 等（2003）还建议，森林空间结构研究首先应选择未受干扰的森林（如自然保护区），因为掌握森林自然过程对近自然林业十分必要。事实上，基于自然干扰规律的经营理论已被广泛接受（Long，2009；Franklin and Johnson，2012）。但是，基于自然干扰规律来制定经营措施并不是要求模拟自然干扰过程，而是模拟自然干扰的结果［生物遗产（biological legacy）］，群状择伐就是最有代表性的模拟自然干扰的经营措施，目的是维持群落结构复杂性、全部生物多样性和演替阶段等（Franklin *et al.*，2002）。然而，群状择伐的空间结构影响机理尚少见研究，难以提供森林经营所需的精准结构信息。

目前，我国也开展了大量的森林空间结构研究。林木空间分布格局研究主要采用聚集指数（Clark and Evans，1954）、Ripley's $K(d)$函数（Ripley，1977）和角尺度（惠刚盈，1999）。游水生等（1995）利用聚集指数对福建武平米槠（*Castanopsis carlesii*）种群空间分布格局进行了研究。王本洋和余世孝（2005）应用聚集指数研究了广东封开黑石顶省级自然保护区针阔混交林的优势种群空间分布格局，并把聚集指数推广到多尺度分析。侯向阳和韩进轩（1997）用 Ripley's $K(d)$函数研究了长白山红松（*Pinus koraiensis*）林主要树种的空间格局。汤孟平等对 Ripley's $K(d)$函数的边缘矫正进行了深入探讨（汤孟平等，2003），并应用于天目山常绿阔叶林优势种群空间结构分析（汤孟平等，2006）。惠刚盈等（2004）、禄树晖和潘朝晖（2008）、于帅等（2023）则用角尺度分析了林木空间分布格局。在林木竞争研究方面，Hegyi（1974）竞争指数是我国应用最多的竞争指数（郭忠玲等，1996；金则新，1997；吴承桢等，1997；张思玉和郑世群，2001；邹春静等，2001；吴登瑜等，2023）。而且，汤孟平等（2007a）注意到 Hegyi（1974）竞争指数存在的最近邻木确定方法问题，并提出用 Voronoi 图确定竞争木的新方法，该方法已被广泛应用（李际平等，2015；邢海涛等，2016；褚欣等，2019）。此外，自从惠刚盈和胡艳波（2001）把 von Gadow 和 Füldner（1992）提出的混交度概念引入我国之后，我国学者相继开展了许多应用研究（安慧君，2003；汤孟平等，2004a；郑丽凤等，2006；惠刚盈等，2008），并创新性提出树种多样性混交度（汤孟平等，2004a）、树种空间状态（惠刚盈等，2008）和全混交度（汤孟平等，2012）等。近年来，森林空间结构指数也开始被用于指导森林经营实践。Li 等（2014）把角尺度、混交度和大小比指数应用于吉林阔叶红松林和松栎混交林择伐木的选择。

1.2 森林空间结构研究发展趋势

森林无论是受到严重干扰还是自然缓慢演替，演替终点几乎都是结构多样的森林（Franklin *et al.*，2002）。因此，为揭示森林演替过程中其空间结构多样性的变化规律，必须开展长期的研究。目前，森林空间结构分析的理论和方法仍存在许多有待深入研究的问题，如森林群落演替与空间结构的关系（陈睿和汤孟平，2023），枯立木、倒木和老树的空间结构特征与生态学意义（Franklin *et al.*，2002），确定空间结构单元的合理方法（惠刚盈和胡艳波，2001；汤孟平等，2007a），以及多种空间结构的整体表达等。进一步的研究需要在森林空间结构的林学和生态学意义、高效抽样调查与统计分析方法等方面有突破。同时，一些新的森林空间结构指数也将被提出。

森林空间结构分析只是掌握森林空间结构特征的手段，与应用联系起来才具有实际意义。正如 Pommerening（2006）指出的正确理解森林空间结构是混交异龄林可持续经营的关键，他强调森林空间结构在森林经营中的重要性。但目前大多数研究仅对森林空间结构特征进行诊断、描述和模拟，还较少为森林经营活动（如择伐、抚育采伐等）提供依据，这是当前森林空间结构研究面临的问题和难题，有必要直接面向现实森林经营活动开展应用研究。

目前，我国森林空间结构研究还存在不足，与林业发达国家相比尚有一定差距。但我国研究的起点和水平并不低。当德国、英国等开展低效益针叶纯林转变为阔叶混交林模拟研究时，我国学者率先提出以森林空间结构为目标的结构优化经营思想，并建立了理论模型（汤孟平等，2004b），开展了大量研究（汤孟平等，2004b；胡艳波和惠刚盈，2006；惠刚盈等，2008；汤孟平等，2013；曹小玉等，

2017），编撰了学术专著（惠刚盈等，2007；汤孟平，2007；汤孟平等，2013；惠刚盈等，2020），提出的森林空间结构优化调控理论在国外也产生了影响（Bettinger and Tang，2015）。

拓扑关系是明确定义空间结构关系的一种数学方法（黄杏元和马劲松，2008）。森林拓扑邻接是最基本的拓扑关系，它反映森林中树木之间的相邻关系。汤孟平等（2009）基于 Voronoi 图确定空间结构单元的方法研究天目山常绿阔叶林的混交度时，首次发现基于 Voronoi 图确定空间结构单元对象木的最近邻木株数为 3～13 株，平均取值为 6 株。此后，汤孟平等（2011）在研究天目山近自然毛竹林的空间结构时，发现对象竹的最近邻竹株数为 3～11 株，平均为 6 株。这个结果与天目山常绿阔叶林混交度的研究结果基本一致。说明，不同类型的森林存在相似和稳定的空间结构特征，即拓扑结构特征。森林拓扑结构是维持森林生态系统稳定性的重要内在原因。这个发现代表了森林空间结构与功能关系研究的一个新方向。

综观国内外森林空间结构研究进展，从前沿的森林空间结构基础研究转变为面向现实森林经营活动开展森林空间结构调控研究是未来森林空间结构研究的重要发展方向，因为森林空间结构调控是森林经营过程中结构调控的核心问题。森林空间结构调控包括森林空间结构调整和控制，其目的是调整不合理的森林空间结构使之趋于最优状态，或控制森林空间结构维持在最优状态，二者均以可持续发挥森林多种功能为最高经营目标。

第 2 章　研究区概况

2.1　自 然 条 件

2.1.1　地理位置

研究区位于浙江天目山国家级自然保护区内。该保护区地处浙江省西北部天目山脉的中段，地理坐标为 30°18′N～30°25′N，119°23′E～119°29′E，距杭州市中心 90km，辖区总面积 4284hm^2（丁炳扬和潘承文，2003；丁炳扬等，2009）。

2.1.2　地质地貌

天目山山体古老，以古生界地质构造活动为始，继奥陶纪末褶皱断裂隆起成陆，燕山期火山运动渐成主体，为“江南古陆”的一部分。经第四纪冰川作用，地貌独特，峰奇石怪，天然自成，素有“江南奇山”之称。全山出露寒武系、奥陶系、侏罗系、第四系等地层。流纹岩、流纹斑岩、熔结凝灰岩、沉凝灰岩、脉岩兼而有之。复杂的地质构造形成了天目山独特的地形地貌，如四面峰、倒挂莲花、狮子口等地的悬崖、陡壁、深涧，东关、西关等地的冰碛垅，阮溪东坞、千亩田等地的冰窖，西关溪上游的冰川槽谷，开山老殿、东茅蓬的冰斗等（天目山自然保护区管理局，1992）。

2.1.3　气候

天目山气候属于中亚热带向北亚热带过渡类型，受海洋暖湿气流影响，季风强盛，气候温和。从山麓到山顶，年平均气温 8.8～14.8℃，最冷月平均气温-2.6～3.4℃，极值最低气温-20.2～-13.1℃，最热月平均气温 19.9～28.1℃，极值最高气温 29.1～38.2℃。无霜期 209～235d。雨水充沛，年雨日 159.2～183.1d，年降水量 1390～1870mm，积雪期较长，比保护区外长 10～30d，形成浙江西北部的多雨中心。光照宜人，年太阳辐射 3270～4460MJ/m^2。四季分明，春秋季较短，冬夏季偏长（天目山自然保护区管理局，1992）。

2.1.4　土壤

天目山土壤随着海拔升高由亚热带红壤向湿润的温带棕黄壤过渡。海拔 600m 以下为红壤，海拔 600～1200m 为黄壤，海拔 1200m 以上为棕黄壤。经成长期的植被演替，森林土壤积累了较厚的腐殖质层（天目山自然保护区管理局，1992）。

2.1.5　生物资源

天目山独特而又多变的自然环境孕育了丰富多彩的植被类型。主要类型有：常绿阔叶林，地带性植被，星散分布于海拔 700m 以下的低山丘陵；常绿、落叶阔叶混交林，天目山植被的精华，集中分布于禅源寺附近和海拔 850～1100m 的山坡和沟谷；落叶阔叶林，天目山中亚热带向北亚热带的过渡性植被，主要分布于 1100～1380m 的高海拔地段；落叶矮林，天目山的山顶植被，分布于海拔 1380m 以上地段；针叶林中的高大柳杉林和金钱松林，天目山的特色植被，海拔 350～1100m 均有分布（天目山自然保护区管理局，1992）；竹林，以毛竹林为主，石竹、雷竹、早竹等杂竹林种类丰富，占有一定面积。林下植被以箬竹占优势（丁炳扬和潘承文，2003；丁炳扬等，2009）。

天目山自然条件优越，生物资源丰富，被誉为“生物基因库”（天目山自然保护区管理局，1992），有大型真菌 279 种、地衣 48 种、苔藓植物 285 种、蕨类植物 184 种、种子植物 1882 种。根据资源用途，天目山有药用植物约 1450 种，蜜源植物近 850 种，野生园林观赏植物 670 种，纤维植物约 175 种，油料植物约 200 种，淀粉及糖类植物约 124 种，芳香油植物约 170 种，栲胶（鞣料）植物 150 种，野生果树 102 种（丁炳扬和潘承文，2003；丁炳扬等，2009，2010），故天目山被誉为“天然植物园”（天目山自然保护区管理局，1992）。天目山动物资源也极其丰富，有兽类 74 种、鸟类 154 种、爬行类 48 种、两栖类 21 种、鱼类 55 种、蜘蛛类 166 种、昆虫类 4209 种（天目山自然保护区管理局，1992；吴鸿和潘承文，2001；《重修西天目山志》编纂委员会，2009）。

天目山是名副其实的“世界模式标本产地”。到目前为止，以天目山为模式标本产地发表的植物新种有 90 种，占浙江省植物模式标本总数的 10%（丁炳扬等，2010）；以天目山为模式标本产地的动物新种有近 800 种，其中昆虫新种有 745 种之多（丁炳扬和潘承文，2003；《重修西天目山志》编纂委员会，2009；丁炳扬等，2009）。

天目山植物中，列入 2021 年公布的《国家重点保护野生植物名录》的国家重点保护野生植物 43 种，其中国家一级重点保护野生植物 4 种，国家二级重点保护野生植物 39 种。

2.1.6 古树名木资源

据 2002～2003 年实测，保护区内有百年以上古树 5511 株，隶属于 43 科 73 属 100 种，其中，500 年以上一级古树 68 株，300～500 年二级古树 398 株，100～300 年三级古树 5045 株（楼涛等，2004）。

2.1.7 森林资源

自汉唐以来，天目山森林资源就长期受到寺观保护和管理。20 世纪 30～40 年代，由于战争影响，天目山森林遭受一定程度破坏（天目山自然保护区管理局，1992）。新中国成立后，天目山森林得到了保护和恢复。1953 年建立天目山林场，1956 年划为森林禁伐区，1986 年首批列为国家级森林和野生动物类型自然保护区，1987 年国有山林地管理权从天目山林场划归天目山自然保护区管理局（天目山自然保护区管理局，1992），1994 年经林业部批准，保护区面积扩大至 $4284hm^2$，其中国有山林地 $1018hm^2$，集体山林地 $3266hm^2$。

根据 2017 年森林资源二类调查结果，天目山国家级自然保护区森林（国有山林地部分）划分为 1 个林班，172 个小班，19 个非林地小班。土地总面积 $985hm^2$。森林面积 $967hm^2$。活立木蓄积量为 $173\ 057m^3$，其中，森林蓄积量 $169\ 512m^3$，散生木蓄积量 $3545m^3$。乔木林面积 $841hm^2$，蓄积量 $169\ 512m^3$，其中，幼龄林面积 $10hm^2$，蓄积量 $804m^3$；中龄林面积 $241hm^2$，蓄积量 $32\ 935m^3$；近熟林面积 $44hm^2$，蓄积量 $9071m^3$；成熟林面积 $349hm^2$，蓄积量 $66\ 790m^3$；过熟林面积 $197hm^2$，蓄积量 $59\ 912m^3$。毛竹立竹量达 368 600 株。森林覆盖率达 98.14%。

2.2 人 文 历 史

天目山是集儒、道、佛三大文化体系于一体的天下名山，人文景观资源丰富：有“江南名刹”狮子正宗禅寺和禅源寺；有梁代昭明太子萧统读书、分经、著《文选》处——太子庵，现汇聚五湖四海学人志士，恢复为天目书院；有建于 20 世纪 30 年代的西洋式别墅——留椿屋；有道教宗师张道陵修道处——张公舍；有受乾隆御封而被大家爱死的“大树王”；有“有谁能到此，也算是神仙”的仙人顶和天下奇观等。自古以来，就有不少不乐仕宦，性好道术的李耳信徒隐居于天目山，避绝世缘，修道炼丹。最早卜隐者为公元前 2 世纪西汉武帝年间的王谷神、皮元曜。道教宗师张道陵修炼于此。东汉魏伯阳、晋代葛洪、唐代徐灵府、宋代唐子霞等均在此留有遗迹（《重修西天目山志》编纂委员会，2009）。

东晋升平年间（357～361 年），开山始祖竺法旷入山修禅。随后，慕名入山修禅问法的高僧不乏其人。1279 年，元代高僧高峰禅师入主天目狮子岩，后与其徒断崖了义禅师、中峰明本禅师相继建成规模宏伟的狮子正宗禅寺、大觉正等禅寺。此后，天目山声名远扬，与国内外交往频繁，日本、印度等不断有信徒前来参禅学法。始建于 1425 年明洪熙元年的禅源寺，经清代玉琳通琇国师振兴，规模空前，为东南名刹。1933 年，筹建於潜县天目山名胜管理委员会，将天目山作为旅游名胜区进行管理。翌年，天目山被浙江省政府列为浙江第一名胜区，设天目山名胜管理处，隶属于浙江省旅游局。抗战期间，浙西行署入驻天目山，天目山成为浙江抗日救亡中心（《重修西天目山志》编纂委员会，2009）。

天目山丰富的生物资源、独特的生态环境及优越的地理区位吸引了国内外众多专家学者前来考察、采集和研究。先秦古籍《山海经》和北魏郦道元的《水经注》中都有天目山林木、山川的记载；明代著名医药学家李时珍多次来天目山采集草药，在其《本草纲目》中记载了采自天目山的药材达 800 余种；20 世纪 20 年代，植物学家钟观光、钱崇澍、胡先骕、秦仁昌、郑万钧、梁希、钟补求、H. Migo 等在天目山考察研究时发现很多植物新种；30 年代，李四光等地质学家在考察天目山地质、地貌的基础上，提出天目山存在第四纪冰川遗迹的论述（天目山自然保护区管理局，1992）。自建立自然保护区以来，有浙江大学、复旦大学、浙江农林大学等全国 100 余所大专院校师生和科研单位研究人员来天目山开展植物学、动物学、昆虫学、林学、地理学、气象学等的教学和科研活动。1999 年以来，天目山被中共中央宣传部、科技部、教育部、中国科协联合命名为“全国青少年科技教育基地”“全国科普教育基地”“国家级大学生校外实践教育基地”。此外，浙江天目山国家级自然保护区还是“中国生物多样性保护示范基地”、国家 AAAA 级景区、全国自然保护区示范单位、国家级生物学野外实习基地（《重修西天目山志》编纂委员会，2009）。

第 3 章　固定标准地测设与树木空间数据采集

3.1　引　　言

我国森林资源调查分为三大类：全国森林资源清查（简称一类调查）、森林经理调查（简称二类调查）和作业设计调查（简称三类调查）（亢新刚，2001）。一类调查是以全国（大区或省、自治区、直辖市）为调查对象，目的是掌握调查区域内森林资源的宏观状况，为制定或调整林业方针、政策、规划、计划提供依据。二类调查是以林业企事业单位（林业局、林场）或县、镇（乡）为调查对象，目的是为县级林业区划、企事业单位森林区划、编制森林经营方案、制定生产计划提供依据。三类调查是为完成各项作业设计而进行的调查工作，包括伐区设计、造林设计和抚育采伐设计等（杨东，2006）。

森林资源三类调查都要进行地面样地测量。传统的调查方法主要是用罗盘仪和百米尺做闭合导线测量（杨东，2006），或采用罗盘仪视距法配合皮尺来测定标准地和树高等（梁长秀等，2005）。这种调查方法受限于当时的测绘技术，只能满足以木材生产为主要目的，侧重于调查森林蓄积量和面积的粗放式林业生产需求。

目前，随着社会对森林多种需求的日益增长，森林经营模式已从过去的木材生产经营型转变为生态保护型，以便发挥森林的涵养水源、保持水土、维持地区的良好生态效益等多种功能。这要求在森林资源调查时必须获取更多、更精准的与生态效益相关的信息数据，如森林结构状态、生态群落类型、植被状况等，对森林资源调查提出了更高的要求。

美国 20 世纪 80 年代首先提出精准林业的构想，1992 年 4 月美国组织召开了第一次精准林业学术研讨会，人们逐渐接受“精准林业”这一概念。我国受精准农业和三维工业测量的启发，在北京密云县（现为密云区）建立了我国第一个精准林业示范基地（车腾腾等，2010）。我国学者定义精准林业（precision forestry）是“采用包括 3S 技术、数字通信、机械自动化、传感器技术和林木遗传工程等在内的现代高科技技术对土地类型进行分析，建立森林生态模拟环境，对树木的育种、施肥、生长、病虫害防治和火灾事故预防实行监测。同时，以全站仪、个人数字助理（personal digital assistant，PDA）、数码相机对单株木的树干直径、材积、树心坐标、树冠表面积和体积等因子进行实时、自动精准、定量监测”（冯仲科和张晓勤，2000）。精准林业的发展和相关学术研究对林业调查手段提出了更高的要求，测绘技术的不断革新，促进了国内外森林资源调查的总体发展趋势不断向精度高、速度快、成本低和连续性的方向发展。

随着测绘仪器和技术的发展，3S 技术等新型测绘技术在林业调查中的应用越来越广泛（武红敢和蒋丽雅，2006；夏友福，2006；杨东，2006；张彦芳等，2007）。林业调查中的现代数据采集技术主要有全球导航卫星系统（global navigation satellite system，GNSS）、三维激光扫描仪（3D laser scanner）、遥感（remote sensing，RS）技术和全站仪（total station）等。GNSS 不同的作业方式在林业测量中都已有相关应用研究，如实时差分（real time difference，RTD）GPS 技术在固定样地森林资源调查中的应用（冯仲科等，2000），手持 GPS 进行固定样地的复位调查（张彦林等，2007；车腾腾等，2010），以及高精度 GPS 接收机单点定位和 GPS 的实时动态（real time kinematic，RTK）载波相位差分技术在林区测量的研究（徐文兵和高飞，2010；徐文兵等，2011）。但由于受地形条件和树冠遮挡，尤其是山谷中空间视场小等难以克服的因素的影响，定位精度只能达到米级，甚至无法定位，局限了 GPS 在树木精密定位中的应用。随着中国北斗系统的全球应用，有效克服了单一 GPS 的不足，在林区面积测量、固定样地的复位调查和像控点的测定等方面发挥着更大的应用价值。三维激光扫描仪主要用于立木测量，建立立木三维模型，通过对模型进行量测获取测树因子（如树冠体积、表面积等），估测活立木生物量，可以获得较好的效果（冯仲科等，2007a），但由于受林中地形和树木间相互交错干扰的影响，加之仪器昂贵，难以普适于森林空间结构研究。遥感技术在林业上主要用于二类调查小班调绘、各类土地面积的判读、森林蓄积的量测和灾害的预测等大尺度森林调查工作（车腾腾等，2010；吴胜义等，2011），鲜见用于样地测设和测树因子调查。全站仪集电子测角、电磁波测距和相关的数据处理于一体，操作简便，精度高，效率高，目前国产化全站仪的价格也越来越低，林业测量工作中应用普遍。

全站仪在林业调查中主要用于样地测设和测树因子调查。根据样地的大小，全站仪采用的测设方法不同：①25.82m×25.82m 样地，利用普通全站仪（如南方 NTS355 型全站仪）常规测角测距功能，测设的闭合差约为 3.54mm，相对精度为 1/3000，远高于罗盘仪测设精度和规范要求（徐文兵等，2009）；②100m×100m 的森林空间结构调查样地，利用普通全站仪距离交会法将样地分割为 10m×10m 的调查单元，相邻边桩最弱精度为 1/161（徐文兵和汤孟平，2010）；③600m×1000m 的森林生态调查大样地，利用全站仪测量导线，再通过极坐标法测设样方格顶点，在直伸导线达到 300m 时，点位的最大误差为±0.33m，精度能够满足设置要求（林观土等，2011）。利用全站仪测量每株林木的树高、枝下高、胸径、林木基部的三维坐标等测树因子已多见于文献，测量精度高于传统方法（冯仲科等，2003；景海涛等，2004；董斌，2005；汤孟平等，2007a，2007b；张彦林等，2007；章雪莲等，2008；林观土等，2011）。

综上所述，现代测绘技术已广泛应用于林业调查，各种技术有优点也有缺点，应取长补短，相互补充。在小范围的林业调查中，尤其是为科研服务的数据采集中，全站仪有着独特的优势。本文主要介绍利用全站仪距离交会法进行大样地边桩测设和每木定位。

3.2 仪器设备

3.2.1 概述

全站仪即全站型电子速测仪，由电子测角、光电测距、微处理机及其软件组成，在测站上能完成测量水平角、竖直角、斜距等，并能自动计算平距、高差、方位角和坐标等。

全站仪是通过键盘输入指令进行测量的。键盘分为硬键和软键，每一个硬键都对应着一个固定功能，或兼有第二个、第三个功能，软键是与屏幕上显示的功能菜单或子菜单相对应的。全站仪的观测数据可存储在存储器中。全站仪的存储器有机内存储器和存储卡两种。存储数据可通过仪器上的RS-232C接口和通信电缆传输给计算机。

目前，常用的全站仪有拓普康（Topcon）公司的GTS系列、索佳（Sokkia）公司的SET系列、徕卡（Leica）公司的TPS系列、南方测绘仪器公司的NTS系列等。虽然不同全站仪的功能和精度有所差别，但是操作方法大同小异。本研究使用的是我国自主生产的南方NTS355型全站仪，该仪器测角精度为5″，单棱镜测程为1.6km，测距精度为±（$3\text{mm}+2\times10^{-6}\cdot D$）[$D$为两点间的水平距离（km）]。

3.2.2 全站仪的结构

南方NTS355型全站仪的结构如图3-1所示。该全站仪的测量模式一般有两种：一是基本测量模式，包括角度测量模式、距离测量模式和坐标测量模式；二是特殊测量模式（应用程序模式），可进行悬高测量、偏心测量、对边测量、距离放样、坐标放样、面积计算等。

南方NTS355型全站仪操作面板如图3-2所示，角度测量、距离测量和坐标测量模式为常规测量；按“MENU”键可进入特殊测量模式和相应的设置；在不同模式下4个功能键（F1、F2、F3、F4）有不同的功能；此外，还有数字键和电源开关键等。

图 3-1　南方 NTS355 型全站仪

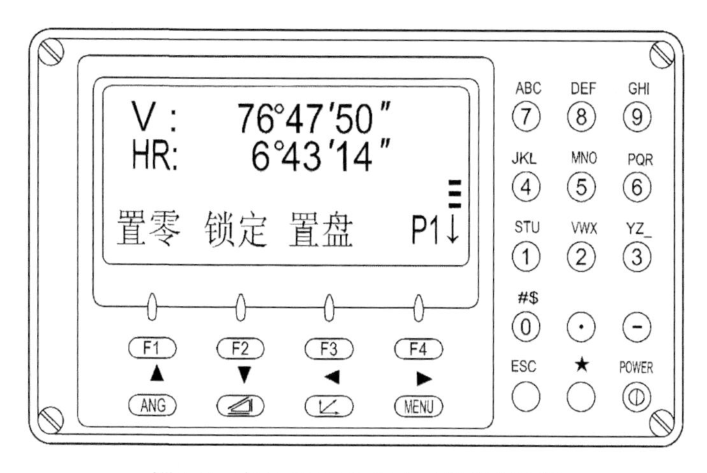

图 3-2　南方 NTS355 型全站仪操作面板

3.2.3　南方 NTS355 型全站仪操作方法

全站仪的常规测量可参见相关教材或仪器说明书，本书仅介绍距离交会法中采用的对边测量和测定树木中心坐标的偏心测量。对边测量模式可以测量测站与两个目标棱镜（即已知桩位点 A、B）之间的水平角（HR，即 β）、水平距离（HD，即 S_1、S_2）、斜距（SD）、高差（VD）以及两个目标棱镜之间的水平距离之差（d_{HD}）、斜距之差（d_{SD}）、高差之差（d_{VD}），如图 3-3 所示。β 和 S_1、S_2 用于反算测站 P 的坐标，d_{HD} 和 d_{VD} 用于检核已测桩位精度。偏心测量是通过测量测站 P 到 T_1 之间的距离并通过照准 T_2、T_3 确定目标边方位角，从而确定树木中心点 T_0 的坐标，如图 3-4 所示。

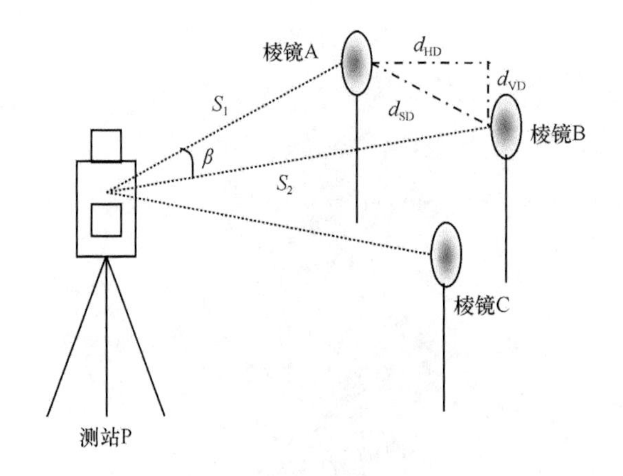

图 3-3 对边测量示意图

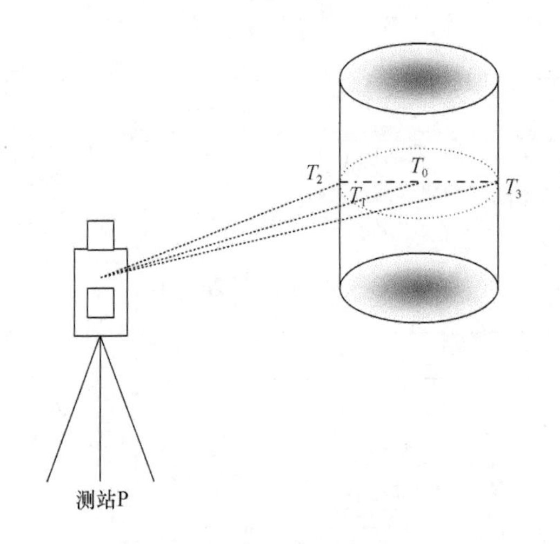

图 3-4 偏心测量示意图

对边测量的操作方法：进入 MENU 菜单，选择“程序”中的“对边测量”，选择“F1：MLM-1(A-B, A-C)”，分别照准目标棱镜 A 和 B 进行测量，记录 β 和 S_1、S_2，对测量结果中的 d_{HD}、d_{VD} 与已知桩位点 A、B 距离的理论值或测量值进行比较，用于检核已测桩位精度。

偏心测量的操作方法：在坐标测量模式（⌧）下，配置测站，在距离测量模式（⌧）的第二页中选择“偏心”中的“圆柱偏心”，根据提示，先瞄准 T_1 测距，再分别瞄准 T_2、T_3 测角，即完成了目标 T_0 的中心坐标测量，按坐标测量模式键（⌧）显示其坐标。

3.3　数据采集方法

3.3.1　固定标准地布设方法

本研究调查区域在浙江天目山国家级自然保护区。该保护区位于浙江西北部临安区西天目山，30°18′30″N～30°24′55″N，119°23′47″E～119°28′27″E，是我国东部中亚热带北缘森林的一个代表地段，森林资源保护良好。为了研究常绿阔叶林、针阔混交林和近自然毛竹林的空间结构，在 3 个森林类型中，分别设置 1 个大小为 100m×100m 的固定标准地。用相邻格子调查方法（汤孟平等，2007a，2007b），把固定标准地划分为 100 个 10m×10m 的网格或 400 个 5m×5m 的网格，每个网格作为一个调查单元。单元网格的大小不同，则角桩的编号也有所不同。图 3-5 是按 10m×10m 的网格编号，若是 5m×5m 的网格，则相应的角桩编号乘以 2。

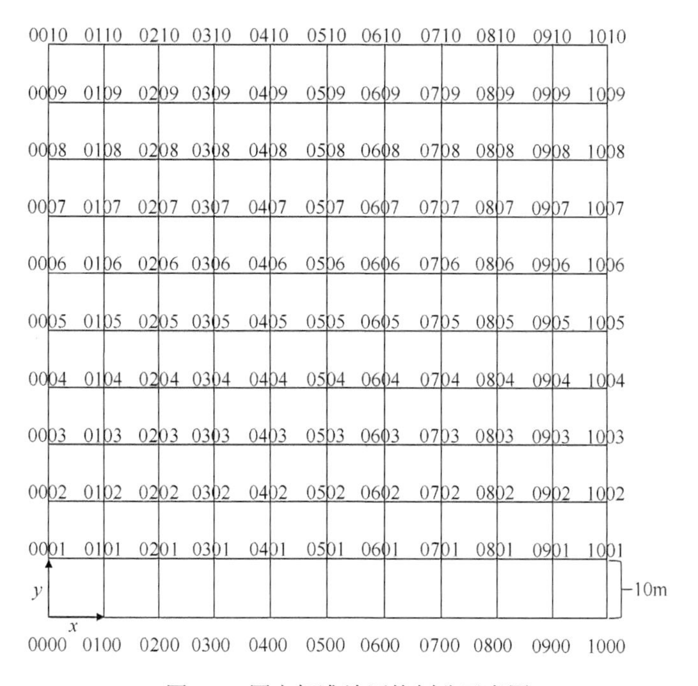

图 3-5　固定标准地网格划分示意图

测量工作分为两部分，第一部分是将 100 个 10m×10m 调查单元的边桩标设在地面上，第二部分是测定每棵树木或毛竹基部的三维坐标。为便于调查和记录数据，规定以每个调查单元左下角的边桩号作为该调查单元号。

3.3.2 全站仪距离交会法

在两个控制点下最常用的是距离交会法。如图 3-6 所示，A、B 为已知点，P 为与 A、B 通视条件良好的测站点，在 P 点架设全站仪，分别瞄准 A、B，观测 PA、PB 的距离S_1、S_2，通过观测两边方向值r_1、r_2计算夹角 β。由于此时存在一个多余观测量，需要根据间接平差，列出误差方程式$V = AX - \boldsymbol{L}$（程效军和缪盾，2008），式中，V、A、X、$\boldsymbol{L}$ 分别为改正数、系数、观测值、常数项矩阵，通过解算误差方程式，计算 PA、PB 的距离观测值S_1、S_2和方向观测值r_1、r_2的改正数，再推算测站 P 的坐标值。由文献可知，距离交会法计算比较烦琐，尤其是在野外树木测量的过程中，若没有可编程式计算器则无法现场边测边算。考虑到树木测量精度要求较低，无须通过多余观测来严格评定测站点定位精度。作者认为，距离交会法在树木测量中更为适用。

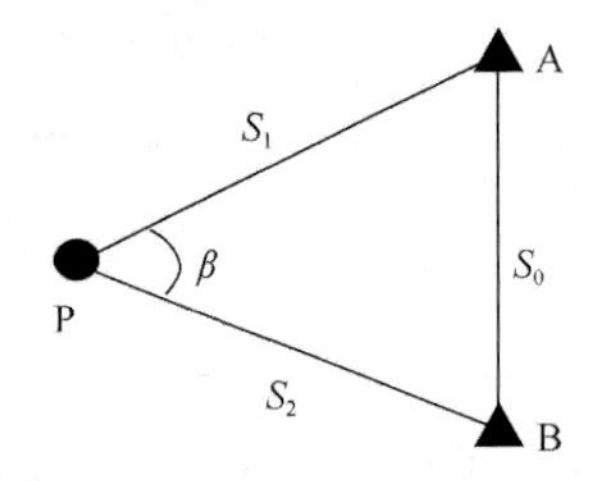

图 3-6 全站仪自由设站法示意图

如图 3-6 所示，距离交会法只需观测 PA、PB 的距离S_1、S_2，则$\angle A = \cos^{-1}\dfrac{S_0^2 + S_1^2 - S_2^2}{2S_0S_1}$。根据已知 AB 边坐标方位角$\alpha_{\mathrm{AB}}$，得出 AP 边坐标方位角$\alpha_{\mathrm{AP}} = \alpha_{\mathrm{AB}} + \angle A$，同理可计算 BP 边坐标方位角$\alpha_{\mathrm{BP}}$。计算 P 点坐标$X_{\mathrm{P}} = X_{\mathrm{A}} + S_1 \cos\alpha_{\mathrm{AP}}$，$Y_{\mathrm{P}} = Y_{\mathrm{A}} + S_1 \sin\alpha_{\mathrm{AP}}$。

3.3.3 固定标准地边桩测设和每木定位的方法

本书以研究近自然状态的毛竹林固定标准地测设和每棵毛竹定位为例，介绍全站仪距离交会法的应用方法。常绿阔叶林或针阔混交林可采用同样的方法。测量仪器采用南方 NTS355 型全站仪[方向中误差 ±5″，测距中误差±（3mm+2 × 10^{-6}·D)]，南方 4.6m 对中杆及配套棱镜。

综合考虑调查区域特点，先选择通视条件较为开阔的地方定出起始边桩 0310（第 3 行第 10 列）号，假设其三维坐标为（30.00, 100.00, 850.00）（单位：m），

使 X 轴正轴方向与坡向保持一致，高程可利用手持 GPS 概略测定，利用偏角法和距离放样功能定出 0210 号、0410 号、0510 号边桩，按照三角高程测量方法［$h = D \cdot \tan\alpha + i - v$，式中，$h$ 为高差（m），$D \cdot \tan\alpha$ 为显示高差（m），i 为仪器高（m），v 为棱镜高（m）］测量这 3 个边桩的高程。

调查固定标准地毛竹株数按调查单元的分布见表 3-1。每个调查单元平均毛竹株数为 65 株，可见近自然状态下的竹林地上毛竹密集，林内通视条件比较差，在 0310 号边桩上放样出 3 个边桩后，必须移动仪器。此外，调查区域坡度较大，为 30°～50°，且 0210 号、0410 号正好在毛竹基部附近，不便于架设仪器。以上这种情况下，可采用自由设站法，发挥全站仪的灵活性。其方法与步骤如下。

第一步，在较为平坦且与已测设桩位通视处架设仪器，不须对中和量仪器高。

第二步，观测测站与两相邻边桩之间的距离，同时测量仪器横轴中心与棱镜中心之间的高差 h，仪器横轴中心高程按 $H_P = H_A - h + v$（此时，仪器高 $i = 0$）计算，式中，H_P 为仪器横轴中心高程；H_A 为后视边桩点高程；v 为棱镜高。

第三步，测站点平面坐标按上述距离交会法计算，此时，$\alpha_{AB} = 90° \times n (n = 0,1,2,3)$，$\alpha_{AP} = \alpha_{AB} \pm \angle A$。利用普通计算器便可计算仪器横轴中心的三维坐标。

第四步，进入仪器中坐标放样程序，以横轴中心三维坐标为测站点坐标，后视起算坐标的边桩，以 $0i0j$ 号桩（$i \times 10.00, j \times 10.00, 0.00$）为放样点，输入仪器高为 0、棱镜高为 v，利用机载程序解算出来的目标边与后视边方位角之差找到目标方向并根据距离放样标定 $0i0j$ 号桩，要求复测桩顶三维坐标并微调桩位到准确位置，此时仪器显示的高程差的绝对值即为桩顶高程。

表 3-1　每个调查单元的毛竹株数

调查单元号	毛竹株数
0000	24
0001	51
⋮	⋮
0500	79
0501	56
⋮	⋮
0907	71
0908	71
0909	74
合计	6519

标定好 121 个边桩后，视边桩的立地条件选择架站方式，若边桩处较为平坦、便于架设仪器且视野较为开阔，则以边桩为测站点，以桩位理论坐标值和实测仪高配置测站；若边桩不适合架设仪器，则采用自由设站法，以上述同样的距离交会法测定仪器横轴中心的三维坐标和仪器高为 0 来配置测站，然后在坐标测量模式下，利用坐标偏心模式测量每株毛竹的三维坐标。

3.4 数据质量分析

3.4.1 测量精度分析

根据前文介绍的距离交会法测量原理可知，若需要评定 P 点定位的精度，在不考虑已知点误差的情况下，对 X_P、Y_P 进行全微分，根据中误差传播定律，则 P 点坐标中误差计算式为

$$m_{X_P}=\frac{1}{\sin\beta}\sqrt{\sin^2\alpha_{BP}m_{S_1}^2+\sin^2\alpha_{AP}m_{S_2}^2} \tag{3-1}$$

$$m_{Y_P}=\frac{1}{\sin\beta}\sqrt{\cos^2\alpha_{BP}m_{S_1}^2+\cos^2\alpha_{AP}m_{S_2}^2} \tag{3-2}$$

$$m_P^2=m_{X_P}^2+m_{Y_P}^2=\frac{m_{S_1}^2+m_{S_2}^2}{\sin^2\beta} \tag{3-3}$$

式中，m_{X_P}、m_{Y_P}、m_P、m_{S_1}、m_{S_2} 分别为 X_P 点平面位置、Y_P 点平面位置、P 点平面位置、S_1 的中误差、S_2 的中误差，单位为 mm。

设全站仪距离观测中误差为 m_S [$m_S^2=a^2+b^2\cdot D^2\cdot(10^{-6})^2$，式中，$D$ 为两点间水平距离（km）；a、b 分别为测距固定误差、比例误差（mm）]，由双边的距离即可计算双边观测中误差 m_{S_1}、m_{S_2}，由三边距离根据余弦定理即可计算夹角 β，再由式（3-1）～式（3-3）计算 P 点坐标中误差。这些计算工作用普通计算器就可以完成，比较便捷。

自由设站点时，仪器横轴中心坐标的解算精度将直接影响放样的边桩和测定毛竹坐标的精度。理论上，仪器横轴中心平面坐标中误差可按式（3-1）～式（3-3）计算，若不考虑仪器误差和瞄准误差等，仪器横轴中心坐标误差主要与双边测距误差和双边的夹角大小有关。假设 AB 平距为 10m，仪器距离两相邻已测边桩等距，即 PA 与 PB 等距，则 $S_1=S_2=S$、$m_{S_1}=m_{S_2}=m_S$，测量仪器采用南方 NTS355 型全站仪，根据式（3-1）～式（3-3），随着夹角 β 的变化，距离交会的测站点 P

平面位置中误差见表 3-2。由表 3-2 可知，自由设站点平面位置中误差 m_P 主要受夹角 β 影响，90°附近中误差较小。焦明连和罗林（2004）研究表明，在综合考虑多因素的影响下，交会角在 100°时是较佳的。由于距离较短，主要由仪器测距性能决定的测距中误差大小相近，m_P 变化较小。夹角 β 值越大，双边距离越短，势必引起较大的瞄准误差；当 AB 平距大于 10m 时，不同夹角 β 所对应的 S 有所差异，但测站点平面位置中误差变化不大。仪器横轴中心的高程是通过三角高程测量获得的，冯仲科等（2007b）对经纬仪或罗盘仪三角高程测量树高做过不少研究，实验表明，皮尺配合经纬仪测树高的误差范围在 5%以内，可以满足林业上测树要求。全站仪测距精度比皮尺高得多，全站仪三角高程测量树木根部的高程精度完全能满足测树要求。

表 3-2　测站点 P 平面位置中误差

β	S/m	$\sin^2\beta$	m_S^2/mm^2	m_P^2/mm^2	m_P/mm
30°	18.660	0.250	25.942	207.534	14.406
50°	10.723	0.587	25.539	87.041	9.330
70°	7.141	0.883	25.358	57.435	7.579
80°	5.959	0.970	25.299	52.171	7.223
90°	5.000	1.000	25.251	50.501	7.106
100°	4.195	0.970	25.210	51.988	7.210
110°	3.501	0.883	25.172	57.021	7.551
130°	2.332	0.587	25.117	85.602	9.252
150°	1.340	0.250	25.067	200.536	14.161

除了测站点定位精度之外，固定标准地网格边桩的定位精度也影响整个调查的质量，因此必须及时评价边桩定位精度，确保边桩定位准确。边桩的平面定位精度可按式（3-4）和式（3-5）来评价。

$$m_{0i0j} = \pm\sqrt{m_S^2 + S^2 \cdot m_\beta^2 / \rho^2} \tag{3-4}$$

$$m_{0i0j} = \pm\sqrt{m_P^2 + m_S^2 + S^2 \cdot m_\beta^2 / \rho^2} \tag{3-5}$$

式中，$0i0j$ 为边桩号，$0i$ 为行号，$0j$ 为列号；m_S 为测距中误差（m）；m_β 为测角中误差（m）；S 为仪器到桩位的距离（m）；m_P 为测站点中误差（m）；ρ 为常数，$\rho = 206\ 265$。

式（3-4）是仪器架设在已定边桩上测定的边桩精度，式（3-5）是通过自由设站法放样边桩的定位精度。将两种方法测得的精度带入仪器的精度指标，计算结果表明，两种方法精度相当（李锋，2006）。但是，式（3-4）和式（3-5）的精度分析是理论上的，只考虑了仪器误差，没有分析目标偏心、桩位倾斜等人为误差，以及大气折光、地球曲率等环境条件的影响。此外，式（3-4）和式（3-5）的精度分析方法会增加野外计算工作量，影响工作效率，因此不一定适用。

3.4.2 测量误差控制

为了提高桩位之间相对距离的定位精度并及时检测和评价，可采用以下措施。①选择相对开阔、与相邻桩位通视处架设仪器，并选择较佳的交会图形，一般是与相邻两桩位距离相等，交会角 $\beta = 100°$ 左右（焦明连和罗林，2004）。②由距离交会法解算仪器横轴中心的三维坐标，不需对中和量取仪器高。③在观测交会边长 S_1 和 S_2 时，利用仪器自带的对边测量模块，其原理如公式 $S_0' = \sqrt{S_1^2 + S_2^2 - 2S_1S_2\cos\beta}$，以实测的 S_0' 代替 S_0 代入 $\angle A = \cos^{-1}\dfrac{S_0'^2 + S_1^2 - S_2^2}{2S_0'S_1}$，解算 $\angle A$，可提高测站点坐标的相对精度。④对边测量时，要检测和评价已测相邻两桩位的距离和高差，保证每个调查单元边长为 10m 的相对精度。理论上，调查单元已测边桩间距离与固定边长 10m 的差值应可控制在 1cm 左右（李锋，2006；程效军和缪盾，2008；徐文兵等，2009），但由于林中多种因素的影响很难达到理论精度。本研究抽检了 60% 的相邻边，列举了 9 条边的检测结果(表 3-3)。结果显示，实测边长与理论边长的差值（绝对值）一般不超过 5cm。按 $\overline{d} = \sqrt{s_{总}/n_{总}}$ [式中，$\overline{d}$ 为毛竹平均间距（m）；$s_{总}$ 为研究区域总面积（m^2）；$n_{总}$ 为研究区域毛竹总株数（株）]简易计算该研究区域内毛竹的平均间距，得出 $\overline{d} \approx 1.238$m。因此，作者认为，差值（绝对值）在 10cm 以内可以接受，过大者（如 0402～0503 边）应适当调整。整个固定标准地有 40 条外围网格边，由于网格边两边毛竹分布的随机性，若网格边的闭合差设置为小于 $\frac{1}{2}\overline{d}$，则可保证固定标准地内毛竹总数的相对误差较小。⑤有条件的地方可在固定标准地区域埋点布设导线，以导线点为基础进行测设或自由设站。

表 3-3 相邻边桩的边长检测 （单位：m）

相邻边桩	实测边长	理论边长	实测边长与理论边长的差值（绝对值）	相对误差
0402～0503	14.054	14.142	0.088	1/161
0502～0503	9.980	10	0.020	1/500
0600～0601	10.016	10	0.016	1/625
0606～0607	10.010	10	0.010	1/1000
0608～0609	10.024	10	0.024	1/416

续表

相邻边桩	实测边长	理论边长	实测边长与理论边长的差值（绝对值）	相对误差
0701～0801	9.957	10	0.043	1/232
0704～1004	30.040	30	0.040	1/750
0901～0902	9.971	10	0.029	1/345
0908～1008	10.034	10	0.034	1/294
⋮	⋮	⋮	⋮	⋮

每株毛竹基部三维坐标的定位精度可以通过目视检测它与边线的间距，来判断其坐标的合理性以及是否在正常的范围内。

3.5　小　　结

林业调查中的样地测设和每木测定的精度直接影响调查结果的质量。随着测绘技术的发展，新型测绘仪器在林业调查中得到广泛应用，但受山区复杂地形条件和树木生长特点，尤其是小区域林间环境的影响，诸多新型仪器的应用受到制约。对此全站仪有着独特的优势，只是林木之间的遮挡，也会影响测量精度和工作效率，甚至导致测量工作难以开展，而自由设站法能有效克服林中通视条件差等制约因素。通过实践研究，得到以下结论。

（1）林业对调查精度的要求相对较低，林业调查要求操作简单，便于野外计算，因此多种自由设站法中的距离交会法较为适宜。全站仪距离交会法可直接解算仪器横轴中心坐标，架设仪器时不需要测站对中和量取仪器高，可简化野外工作和提高工作效率，同时又可减少人为误差。

（2）在只考虑仪器精度和交会边长的情况下，距离交会法也可达到毫米级精度。但在林中测量，由于人为误差和外界环境影响，精度只能达到厘米级，调查单元边长相对误差一般小于 1/200，100m×100m 的固定标准地闭合差可小于树木平均间距的 1/2。

（3）自由设站时，除了选择地形较好、通视条件良好，还由于全站仪测距精度较高，短距离内测距精度受距离值大小影响较小，测站点坐标精度主要受交会角大小影响，因此要选择较佳的交会图形。一般是交会边长大致相等，交会角 $\beta = 100°$ 左右（焦明连和罗林，2004）。

（4）距离交会法观测时，采用仪器自带的对边测量模块，及时检测已测边桩的精度，以减少误差的传递和积累。测量树木三维坐标时，也要通过目视检测树木与边线的距离来判断坐标的合理性。

测绘新技术已取得长足发展，从点到面多维度获取目标的数字信息，在林业调查中也得到积极应用。但由于林区环境的复杂性和调查因子的特殊性，很多新技术只能满足特定的需求，针对应用于服务森林空间结构研究的小范围林业调查的新技术还有待于不断地实践。

（1）GPS 技术是获取点位三维坐标的有效手段，但由于林间树木的覆盖，尤其是大样地跨越沟谷，严重影响了 GPS 卫星信号的接收，目前 GPS 技术还停留在林区面积测量和利用手持 GPS 复位固定标准地的层面上，精确测设固定标准地和定位树木的位置还存在着很大困难。随着我国第三代北斗系统的全球应用，以及多种类型的连续运行参考站系统（continuously operating reference stations，CORS）覆盖区域越来越广，在有条件的区域，网络 RTK 技术为林业调查工作带来更高的效率和精度，尤其是固定标准地的测设。

（2）地基三维激光扫描仪可以直接获取目标点云信息，通过数据处理，能构建树木真三维模型和获取相关测树因子数据，但作者认为只适合坡度较小的疏林，且对硬件的要求较高，仪器昂贵，数据处理复杂，目前还处在科研实验阶段，未全面投入生产实践。随着机载 LiDAR 技术的应用研究，机载 LiDAR 技术将成为林业调查的新技术、新方法。

（3）全站仪可以测量树高、树冠和胸径等测树因子，精度高于传统方式，但在坡度 30°以上且树木茂密的林地中，工作效率和可行性有待进一步实践和探讨，但全站仪技术在林业调查中有着不可替代的作用，可作为机载 LiDAR 等新技术的有效补充。

（4）林业调查大样地的测设，全站仪距离交会法可以克服树木的遮挡和边桩不便于架设仪器的不利因素，但是想要控制误差的累积和传递，保证大样地的闭合差符合要求，需要先布设导线，在导线点的基础上再测设样地边桩，或者利用网络 RTK 技术测设样地边桩，这是控制误差的有效途径之一。

第 4 章　森林空间结构分析基本理论

4.1　森林空间结构的概念

森林是以树木为主体组成的地表生物群落。它具有丰富的物种、复杂的结构、多种多样的功能（亢新刚，2001）。随着森林可持续经营对精确信息需求的增加，林分中树木及其属性在空间的分布即森林空间结构信息日显重要（Pommerening，2002）。基于树木位置的空间结构特征分析是森林经营中结构调整的基础。

广义上讲，森林空间结构是林分中树木及其属性在空间的分布（Mason and Quine，1995；Ferris and Humphrey，1999；Pommerening，2002）。该定义强调森林空间结构依赖于树木的空间位置，这是区别于非空间结构的主要标志。具体来讲，森林空间结构就是林木空间分布格局、树种混交和树木竞争（或树木大小空间排列）（Aguirre *et al.*，2003；汤孟平等，2004a，2004b；汤孟平，2007）。林木空间分布格局描述树木在空间的分布形式，包括聚集分布（图 4-1a）、随机分布（图 4-1b）和规则分布（或均匀分布、分散分布）（图 4-1c）。树种混交描述不同树种相互隔离状况。不同树种相互隔离程度从低到高依次如图 4-1d、图 4-1e、

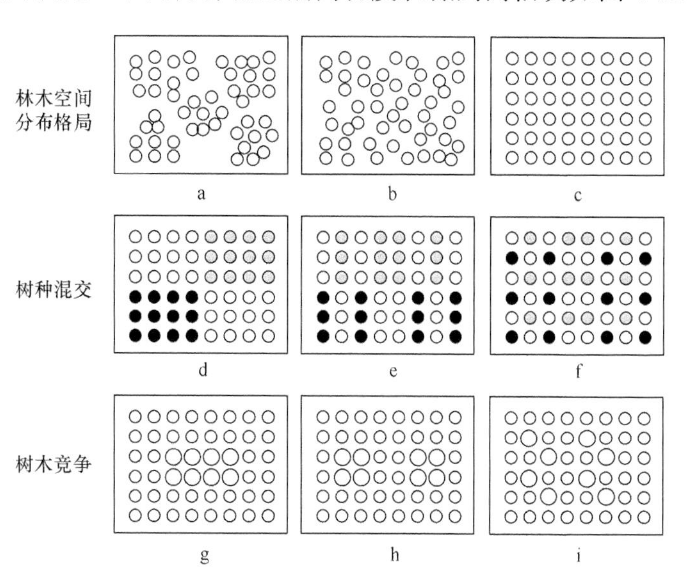

图 4-1　森林空间结构示意图

图中不同符号表示不同树种

图 4-1f 所示。树木竞争描述不同大小树木的竞争态势。从大树聚集分布过渡到规则分布的不同竞争排列方式如图 4-1g、图 4-1h、图 4-1i 所示，相应地，大树对小树的竞争压力依次增加。

森林空间结构指数是定量描述森林空间结构特征的指标，对分析和调控森林结构与功能的关系具有重要作用。森林空间结构指数有多种（Clark and Evans，1954；Bella，1971；Hegyi，1974；Martin and Ek，1984；Holmes and Reed，1991；von Gadow and Füldner，1992；Biging and Dobbertin，1995），以下介绍常用的森林空间结构分析指数。

4.2 林木空间分布格局分析

林木空间分布格局反映初始格局、微环境差异、气候、光照、植物竞争及单株树木生长等综合作用的结果（Moeur，1993）。聚集分布的主要原因是环境资源（如土壤）异质性、种子近距离扩散等，均匀分布的主要原因是竞争导致树木死亡，随机分布则是介于聚集分布和均匀分布之间的过渡状态（Acquah *et al.*，2023）。分析林木空间分布格局有助于理解森林建立、生长、死亡和更新等生态过程（Legendre and Fortin，1989；Hasse，1995；Dale，1999），对森林经营具有十分重要的意义。常用的林木空间分布格局指数包括聚集指数和 Ripley's $K(d)$函数。

4.2.1 聚集指数

4.2.1.1 聚集指数的定义

聚集指数（Clark and Evans，1954）是最近邻单株距离的平均值与随机分布下的期望平均距离之比。

$$R=\frac{\frac{1}{N}\sum_{i=1}^{N}r_i}{\frac{1}{2}\sqrt{\frac{F}{N}}}=\frac{\overline{r}_{观测}}{\overline{r}_{期望}} \tag{4-1}$$

式中，R 为聚集指数，$R\in[0, 2.1491]$；r_i 为树木 i 到其最近邻木的距离（m）；$\overline{r}_{观测}$ 为观测平均最近单株距离（m）；$\overline{r}_{期望}$ 为期望平均最近单株距离（m）；N 为样地内树木株数（株）；F 为样地面积（m^2）。

在式（4-1）中，$R\in[0, 2.1491]$。林木空间分布格局判别规则：若 $1<R\leqslant2.1491$，则林木有均匀分布趋势；若 $0\leqslant R<1$，则林木有聚集分布趋势；若 $R=1$，则林木有随机分布趋势。

在均匀分布的情况下，4.2.1.2 节和 4.2.1.3 节将分别证明：当林木呈正方形分布时，R=2；当林木呈正六边形分布时，R=2.1491。

在聚集分布的情况下，可根据 R 的取值范围划分聚集程度，R 取值为[0, 0.25)、[0.25, 0.5)、[0.5, 0.75)、[0.75, 1)分别表示强度、中度、低度、弱度林分聚集等级（张毅锋和汤孟平，2021）。

可以采用标准化的聚集指数（Z_R）对林木分布格局进行显著性检验（Erfanifard *et al.*，2016）。Z_R 计算公式为

$$Z_R = \frac{\overline{r}_{观测} - \overline{r}_{期望}}{SE_r} \tag{4-2}$$

式中，SE_r 是标准差；$SE_r = \frac{0.26136}{\sqrt{\frac{N^2}{F}}}$；其他符号同式（4-1）。

一般地，取显著性水平 α=0.05，临界值 $Z_{\frac{\alpha}{2}}$=1.96，对林木空间分布格局进行显著性检验。当–1.96≤Z_R≤1.96，林木呈随机分布；当 Z_R<–1.96，林木呈显著聚集分布；当 Z_R>1.96，林木呈显著均匀分布。

后来，Donnelly（1978）发现式（4-1）计算的聚集指数（R）偏大，提出了修正式：

$$R = \frac{\frac{1}{N}\sum_{i=1}^{N} r_i}{\frac{1}{2}\sqrt{\frac{F}{N}} + \frac{0.0514P}{N} + \frac{0.041P}{N^{\frac{3}{2}}}} \tag{4-3}$$

式中，r_i 为树木 i 到最近邻木的平均距离（m）；N 为样地株数（株）；F 为样地面积（m^2）；P 为样地周长（m）。

但由于式（4-1）具有计算简便、结果明确的优点，所以得到广泛应用。

4.2.1.2　林木呈正方形分布

当林木呈正方形均匀分布时，对象木到最近邻木的距离为正方形的边长。计算式为

$$d = \sqrt{\frac{F}{N}} \tag{4-4}$$

式中，F 为样地面积（m^2）；d 为对象木到最近邻木的距离（m）；N 为样地内树木株数（株）。

根据式（4-1），聚集指数为

$$R=\frac{\frac{1}{N}\sum_{i=1}^{N}r_i}{\frac{1}{2}\sqrt{\frac{F}{N}}}=\frac{d}{\frac{1}{2}\sqrt{\frac{F}{N}}}=\frac{\sqrt{\frac{F}{N}}}{\frac{1}{2}\sqrt{\frac{F}{N}}}=2 \tag{4-5}$$

因此，当林木呈正方形均匀分布时，R=2。

4.2.1.3 林木呈正六边形分布

林木呈正方形配置是一种合理的空间配置方式，但不是最均匀分布。当林木呈正六边形分布时才是最均匀分布。当林木呈正六边形分布时，每个正六边形的面积为

$$S=\frac{F}{N} \tag{4-6}$$

式中，F 为样地面积（m^2）；N 为样地内树木株数（株）；S 为正六边形面积（m^2）。

一个正六边形由 6 个正三角形构成。如图 4-2 所示，黑点代表树木，假设每个正三角形的面积为 a，高为 h，正六边形和正三角形的边长为 L。根据式（4-6），有

$$S=\frac{F}{N}=6a=6\times\frac{L\times h}{2}=6\times\frac{L\times L\sin 60^\circ}{2}=\frac{3\sqrt{3}}{2}L^2 \tag{4-7}$$

因此，正六边形的边长为

$$L=\sqrt{\frac{2F}{3N\sqrt{3}}} \tag{4-8}$$

式中，L 为正六边形边长（m）；其他符号同式（4-6）。

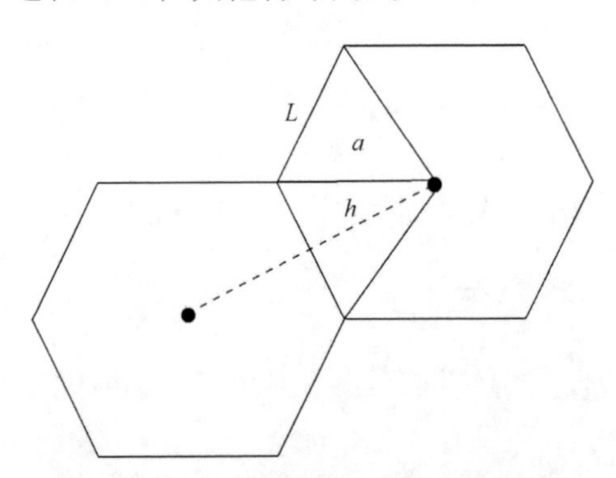

图 4-2 正六边形与正三角形的关系

根据式（4-8），正六边形内的每个正三角形的高为

$$h=L\times\sin 60^\circ=\sqrt{\frac{2F}{3N\sqrt{3}}}\times\frac{\sqrt{3}}{2}=\sqrt{\frac{F}{2N\sqrt{3}}} \tag{4-9}$$

根据式（4-9），树木到最近邻木的距离为

$$d = 2h = \sqrt{\frac{2F}{N\sqrt{3}}} \tag{4-10}$$

把式（4-10）代入式（4-1），聚集指数为

$$R = \frac{\frac{1}{N}\sum_{i=1}^{N} r_i}{\frac{1}{2}\sqrt{\frac{F}{N}}} = \frac{d}{\frac{1}{2}\sqrt{\frac{F}{N}}} = \frac{\sqrt{\frac{2F}{N\sqrt{3}}}}{\frac{1}{2}\sqrt{\frac{F}{N}}} = \sqrt{\frac{8}{\sqrt{3}}} = 2.1491 \tag{4-11}$$

因此，当林木呈正六边形分布即最均匀分布形式时，R=2.1491＞2。

4.2.2　Ripley's *K*(*d*)函数

Ripley's $K(d)$函数分析是把林分中每株树木看成二维平面的一个点，以树木的点图为基础进行格局分析，又称点格局分析（Ripley，1977）。Ripley's $K(d)$函数的优点是可以同时分析不同尺度下的格局（张金屯，1998）。下面介绍 Ripley's $K(d)$函数分析的原理。

把样地中每一株树木到其他所有林木之间距离的累积分布函数定义为

$$\lambda K(d) = \sum_{i=1}^{N}\sum_{j=1}^{N}\frac{\delta_{ij}(d)}{N}, \quad i \neq j \tag{4-12}$$

式中，$\lambda K(d)$为以任一林木为中心、以距离 d 为半径范围内期望的林木株数（株）；λ 为株数密度（株/m^2）；N 为样地内林木株数（株）；$\delta_{ij}(d) = \begin{cases} 1 & 如果 d_{ij} \leqslant d \\ 0 & 如果 d_{ij} > d \end{cases}$，$d_{ij}$ 为林木 i 与林木 j 的距离。

设 A 是样地面积，λ 用 $\hat{\lambda} = N/A$ 来估计，则 $K(d)$的估计值 $\hat{K}(d)$ 可按下式计算（Moeur，1993；Hanus *et al.*，1998）

$$\hat{K}(d) = A\sum_{i=1}^{N}\sum_{j=1}^{N}\frac{\delta_{ij}(d)}{N^2}, \quad i \neq j \tag{4-13}$$

式中，N 为样地内林木株数（株）；A 为样地面积（m^2）；其他变量同式（4-12）。

由于式（4-13）没有考虑边缘影响，估计值是有偏差的。因此，Ripley（1977）用权重 $w_{ij}(d)$取代 $\delta_{ij}(d)$进行边缘校正。方法是以林木 i 为中心、以到林木 j 的距离 d_{ij} 为半径画圆，权重 $w_{ij}(d)$等于该圆在样地内的周长部分与整个周长之比的倒数（Moeur，1993）。一般认为有 3 种边缘校正情形（Moeur，1993；Hanus *et al.*，1998），如图 4-3a～c。但汤孟平等（2003）研究发现应当如图 4-3 所示的 4 种情形。

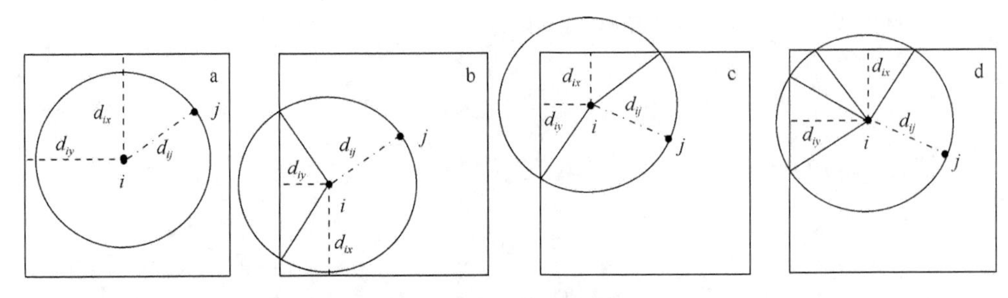

图 4-3　边缘校正示意图

a. 圆完全包含在样地内；b. 圆与一条边相交；c. 圆与两条边相交，有 2 个或 3 个交点；d. 圆与两条边相交有 4 个交点。i、j 是林木编号；d_{ix}、d_{iy} 分别是林木 i 到 x（横）边和 y（纵）边的最近距离；d_{ij} 是林木 i 到林木 j 的距离

1）当圆完全包含在样地内时（图 4-3a），即 $d_{ij} \leqslant d_{ib}$，d_{ib} 为样地内林木 i 到最近邻边的距离（m），$d_{ib}=\min(d_{ix}, d_{iy})$（下同），权重

$$w_{ij}(d)=1 \tag{4-14}$$

2）当圆与样地的一条边相交时（图 4-3b），即 $d_{ij}>d_{ib}$，不等式 $d_{ix}<d_{ij}$ 与 $d_{iy}<d_{ij}$ 中有且只有一个成立，权重

$$w_{ij}(d)=\left\{1-\left[\arccos\left(\frac{d_{ib}}{d_{ij}}\right)\right]\cdot\frac{1}{\pi}\right\}^{-1} \tag{4-15}$$

3）当圆与样地的两条边相交，有 2 个或 3 个交点时（图 4-3c），即 $d_{ij}>d_{ib}$，不等式 $d_{ix}<d_{ij}$ 与 $d_{iy}<d_{ij}$ 同时成立，且 $\arccos\left(\frac{d_{ix}}{d_{ij}}\right)+\arccos\left(\frac{d_{iy}}{d_{ij}}\right) \geqslant \frac{\pi}{2}$，权重

$$w_{ij}(d)=\left\{1-\left[\arccos\left(\frac{d_{ix}}{d_{ij}}\right)+\arccos\left(\frac{d_{iy}}{d_{ij}}\right)+\frac{\pi}{2}\right]\cdot\frac{1}{2\pi}\right\}^{-1} \tag{4-16}$$

4）当圆与样地的两条边相交，有 4 个交点时（图 4-3d），即 $d_{ij}>d_{ib}$，不等式 $d_{ix}<d_{ij}$ 与 $d_{iy}<d_{ij}$ 同时成立，且 $\arccos\left(\frac{d_{ix}}{d_{ij}}\right)+\arccos\left(\frac{d_{iy}}{d_{ij}}\right)<\frac{\pi}{2}$，权重

$$w_{ij}(d)=\left\{1-\left[\arccos\left(\frac{d_{ix}}{d_{ij}}\right)+\arccos\left(\frac{d_{iy}}{d_{ij}}\right)\right]\cdot\frac{1}{\pi}\right\}^{-1} \tag{4-17}$$

式（4-4）～式（4-17）中，d_{ix} 为林木 i 到 x（横）边的最近距离（m）；d_{iy} 为林木 i 到 y（纵）边的最近距离（m）；d 为距离尺度（m）；d_{ij} 为林木 i 到林木 j 之间的距离（m），且满足 $d_{ij} \leqslant d$。

考虑边缘校正后，式（4-13）变为

$$\hat{K}(d)=A\sum_{i=1}^{N}\sum_{j=1}^{N}\frac{w_{ij}(d)}{N^2},\ i\neq j \tag{4-18}$$

式中，N 为样地内林木株数（株）；d 为距离尺度（m）；w_{ij} 为林木 i 与林木 j 之间的权重；A 为样地面积（m^2）。

Ripley's $K(d)$函数分析需要检验总体分布格局是否符合随机分布。在森林随机分布假设下，以随机选取的一株树木为中心、以 d 为半径的圆内，林木株数 k 的期望值是 $\lambda\pi d^2$ [其中，λ 是株数密度（株/m^2）]。由此可知，对随机分布的森林，$\hat{K}(d)=\pi d^2$。Besag 和 Diggle（1977）提出用 $\hat{L}(d)$ 取代 $\hat{K}(d)$，并对 $\hat{K}(d)$ 作开平方的线性变换，以保持方差稳定。在随机分布的假设下，期望值接近 0。$\hat{L}(d)$ 计算式为

$$\hat{L}(d)=\sqrt{\frac{\hat{K}(d)}{\pi}}-d \tag{4-19}$$

$\hat{L}(d)$ 与 d 的关系图可用于检验依赖于尺度的分布格局类型。$\hat{L}(d)<0$，说明林木相互间距离较远，则可认为是均匀分布；$\hat{L}(d)>0$，则林木是聚集分布；$\hat{L}(d)=0$，则林木是随机分布。

实际应用时，常用蒙特卡罗（Monte Carlo）检验法进行显著性检验。对于给定的 d，通过比较实际观测分布的 $\hat{L}(d)$ 值和多个模拟随机分布的 $\hat{L}(d)$ 值进行检验。如果 $\hat{L}(d)$ 值落在用 Monte Carlo 检验法模拟随机分布所确定的置信区间内，则所观测的分布被认为是随机分布；如果 $\hat{L}(d)$ 值落在置信区间上界之外，则观测的分布呈显著聚集分布趋势；如果 $\hat{L}(d)$ 值落在置信区间下界之外，则观测的分布呈显著均匀分布趋势。具体方法介绍如下。

假定样地林木总株数是 N，距离尺度为 d，步长为 Δd。

（1）给定距离 d，计算样地林木实际分布的 $\hat{L}(d)$ 值；

（2）产生含有 N 个随机点的模拟样地，样地大小与实际观测样地相同，计算模拟样地的 $\hat{L}(d)$ 值。

（3）重复步骤（2），直到产生 M 个（如 200 个）模拟样地的 $\hat{L}(d)$ 值。

（4）对 M 个（如 200 个）模拟样地的 $\hat{L}(d)$ 值按从小到大的顺序排序，按置信度 95%，则第 6 个 $\hat{L}(d)$ 值和第 195 个 $\hat{L}(d)$ 值就是置信区间的上限和下限。

（5）如果距离尺度（$d+\Delta d$）大于最大规定距离，则停止计算，转到步骤（6）；否则返回步骤（1）；

（6）以各距离尺度 d 作为横坐标，相应的样地林木实际分布 $\hat{L}(d)$ 值（实线）

和置信区间上下限（虚线）作为纵坐标绘制折线图。由置信区间上下限绘制的上下两条虚线称上下包迹线。

进行林木空间分布格局判别时，如果在某距离尺度 d 范围内，样地林木实际分布的 $\hat{L}(d)$ 值位于上包迹线之上，则林木呈聚集分布；如果样地林木实际分布的 $\hat{L}(d)$ 值位于下包迹线之下，则林木呈均匀分布；否则，林木呈随机分布。

4.3 竞 争 分 析

4.3.1 竞争指数

物种的竞争与共存一直是生态学研究的核心问题。1934 年，Gause 提出“由于竞争的结果，两个相似的物种不能占有相似生态位”，即竞争相同资源的两个物种不能长期共存，其中一个终究会成为优势种（金明仕，1992）。1960 年，Hardin 将两个物种不能长期共存的现象正式命名为竞争排斥法则，并重新表述为“完全的竞争者不能共存”。

20 世纪 70 年代以来，为了更准确地预测林木生长，学者们提出了许多竞争指数（Brown，1965；Hegyi，1974；Lorimer，1983；Daniels *et al.*，1986）。竞争指数在形式上是反映树木个体生长与生存空间的关系，实质是反映树木对环境资源需求及其争取环境资源所承受的竞争压力。竞争指数的建立取决于：①林木本身的状态（如粗、细、高度、冠幅等）；②林木所处的局部环境（邻近树木的状态）（唐守正等，1993）。竞争指数从总体上可分为两类：与距离无关的竞争指数和与距离有关的竞争指数（Weiner，1984；邵国凡，1985；Tomé and Burkhart，1989；张跃西，1993；Biging and Dobbertin，1995；孟宪宇，2006），也可以称之为非完备型指标和完备型指标（关玉秀和张守攻，1992）。

与距离无关的竞争指数不需要林木的坐标（Tomé and Burkhart，1989），不需要空间信息（Munro，1974），一般都是林分变量的函数，如每公顷断面积（Harrison *et al.*，1986）、株数和林分密度指数（Biging and Dobbertin，1995）等，这些指数比较容易计算。

与距离有关的竞争指数是为了估测林木生长，计算比较复杂。从理论上讲，包含空间信息的竞争指数应当有助于提高林木生长和发育的预估效果（Moeur，1993）。与距离有关的竞争指数（表 4-1）可分为 3 类（Holmes and Reed，1991）：①影响圈；②可利用生存空间面积（area potentially available，APA）；③大小比。影响圈就是树木冠幅充分伸展的圆形区域。影响圈是根据树木影响范围及其重叠面积建立的（Bella，1971；Arney，1973）。可利用生存空间面积是竞争树木之间连线的垂直平分线所生成的 Voronoi 多边形即泰森多边形（Thiessen polygons）的面积（Brown，1965）。大小比则根据树木的大小比值确定（Bella，1971；Hegyi，1974）。在这 3 类竞争指数中，大小比计算最简便，而且结果比影响圈和可利用生存空间面积好，原因是大小比包含了反映树木生长状况的胸径因子（Holmes and Reed，1991）。

表 4-1　与距离有关的竞争指数

竞争指数公式	资料来源
$L=\sum_{j=1}^{n}\frac{d_j}{d_i}$	Lorimer，1983
$D=\frac{d_i^2}{n\sum_{j=1}^{n}d_j^2}$	Daniels *et al.*，1986
$\mathrm{CI}=\sum_{j=1}^{n}\frac{d_j}{d_i\cdot L_{ij}}$	Hegyi，1974
$B=\sum_{j=1}^{n}\frac{a_{ij}}{A_i}\cdot\left(\frac{d_j}{d_i}\right)^{\mathrm{ex}}$	Bella，1971
$A=\frac{\sum_{j=1}^{n}a_{ij}+A_i}{A_i}\times 100$	Arney，1973
APA	Brown，1965

注：式中，L、D、CI、B、A、APA 分别为 Lorimer（1983）、Daniels 等（1986）、Hegyi（1974）、Bella（1971）、Arney（1973）和 Brown（1965）竞争指数；L_{ij} 为对象木 i 与竞争木 j 之间的距离；d_i 为对象木 i 的胸径；d_j 为竞争木 j 的胸径；a_{ij} 为对象木 i 与竞争木 j 之间的重叠面积；A_i 为对象木 i 的树冠投影面积；ex=1, 1.5, 2, 2.5, 3；n 为竞争木株数（株）

4.3.2　大树均匀分布的竞争格局

竞争是生物界普遍存在的一种现象，在资源不足的情况下，林木之间的竞争是不可避免的。已有研究认为，竞争对单株树木的生长有不利影响（De Groote *et al.*，2018）。但是，维持怎样的竞争格局才更有利于林分的生长发育，尚缺乏足够的证据。金明仕（1992）研究表明，由于形态大小相近的生物间存在利害关系，大小相近的林木间的竞争使林木格局从聚集分布变为均匀分布。在天然老龄林中，表现为大树（优势木和亚优势木）呈均匀分布，小树呈聚集分布（Moeur，1993）。Hanus 等（1998）与 Wells 和 Getis（1999）的研究进一步证实了这一结论，但均未指出其在经营上有何意义。这些研究表明，在森林演替过程中，竞争逐渐淘汰那些位于现有大树之间、与大树年龄和大小相似、距离较近、空间生态位重叠的竞争大径木，而竞争能力较弱的更新起来的小径木却可以与大树相伴生长，最终形成大树均匀分布。这种小树与大树相邻的竞争格局就是森林自稀疏过程的重要驱动力之一，当然其他因素如树种特性、树木自然成熟以及病虫害等也影响森林自稀疏过程。最早注意到森林自稀疏过程与树木空间格局关系的是 Connell 和 Janzen。Connell（1971）和 Janzen（1970）认为，成熟森林的树种发育过程在死亡格局的控制下有向随机分布或均匀分布发展的趋势。邹春静等（2001）研究长白山云冷杉林的结果也表明，鱼鳞云杉种内竞争强度随着林木径级的增大而迅速减小。这是由于随着林木径级的增大，在自然稀疏规律的作用下，导致部分个体死亡，从而加大了株间距离，大树趋于均匀分布，从而降低了竞争强度。邹春静等（2001）同时还指出，鱼鳞云杉胸径达到 35cm 后，竞争强度就会变得很小。在此之前辅之以人工管理措施，可以使生态系统尽快达到稳定状态。

4.3.3 竞争指数与竞争方式

竞争指数的选取既要考虑理论上的合理性，又要兼顾实际中的可操作性。从理论基础和构造的完整性两个方面来看，以完备型指数为最好（关玉秀和张守攻，1992）。在完备型指数中，Hegyi（1974）竞争指数容易测定，且计算简单，是最常用的竞争指数（张思玉和郑世群，2001；邹春静等，2001；詹步清，2002）。因此，我们采用 Hegyi（1974）竞争指数。我们将证明在距离相等的前提下，大径木和小径木相邻竞争方式的竞争指数最高，相同胸径等级林木之间竞争指数最低。

Hegyi（1974）竞争指数包括林木点竞争指数（CI_i）和林分竞争指数（CI）。林木点竞争指数的计算公式为

$$\mathrm{CI}_i = \sum_{j=1}^{n} \frac{d_j}{d_i \cdot L_{ij}} \tag{4-20}$$

式中，CI_i 为对象木 i 的点竞争指数；L_{ij} 为对象木 i 与竞争木 j 之间的距离（m）；d_i 为对象木 i 的胸径（cm）；d_j 为竞争木 j 的胸径（cm）；n 为竞争木株数（株）。

根据式（4-20），竞争指数是竞争木与对象木胸径之比除以距离。因此，竞争指数实质上是反映对象木所承受的来自竞争木的竞争压力。对某一对象木而言，竞争指数越大，来自周围竞争木的竞争压力越大，在竞争中越处于不利地位。一般认为，竞争指数越大，竞争越激烈（张思玉和郑世群，2001；邹春静等，2001；詹步清，2002）。

Hegyi（1974）把竞争木株数（n）定义为半径 10ft（约 3.048m）范围内的所有林木。国内也有采用 5m（张思玉和郑世群，2001）或 6m 半径的（吴承桢等，1997；邹春静和徐文铎，1998），为的是选取更多的竞争木。本书采用 5m 半径。

林分竞争指数常用各林木点竞争指数之和表示（张思玉和郑世群，2001）。为了反映林分的平均竞争水平，也可以采用林木点竞争指数的平均值作为林分竞争指数（邹春静等，2001；詹步清，2002），公式为

$$\mathrm{CI}=\frac{1}{N}\sum_{i=1}^{N}\mathrm{CI}_i \tag{4-21}$$

式中，CI 为林分竞争指数；CI_i 为林木 i 的点竞争指数；N 为样地内林木株数（株）。

根据式（4-20），竞争指数取决于相邻竞争木的大小及距离，而林分是由许多相邻竞争木组成的，存在多种竞争方式。下面讨论 4 种典型相邻木竞争方式。

首先讨论不同胸径等级相邻木的 3 种竞争方式：大径木-中径木、大径木-小径木、中径木-小径木（图 4-4）。假定这 3 种方式中，2 株树木互为相邻木。可以证明大径木-小径木竞争方式的竞争指数最高［图 4-4b，式（4-25）］。我们把这种林木大小差异较大的竞争称为不对称竞争。

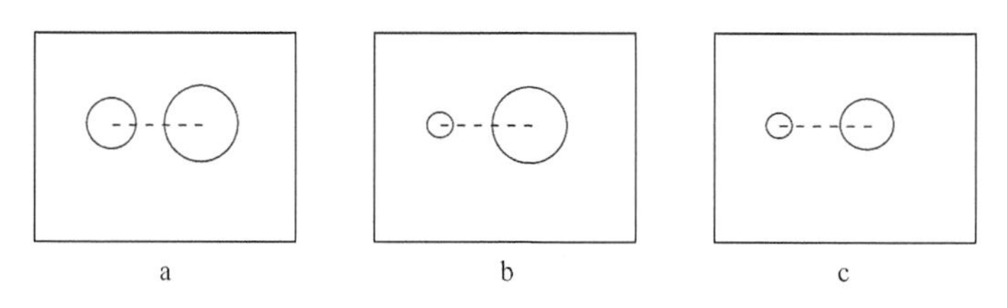

图 4-4　不同胸径等级相邻木的 3 种竞争方式

◯大径木；○中径木；○小径木

假设图 4-4 中，大径木、中径木和小径木的胸径分别为 d_1、d_2 和 d_3，则 $d_1>d_2>d_3$。相邻木之间的距离都为 L。根据式（4-20）和式（4-21），3 种竞争方式的林分竞争指数分别为

$$\mathrm{CI_a}=\frac{1}{2}(\frac{d_1}{d_2L}+\frac{d_2}{d_1L})=\frac{1}{2L}\cdot\frac{d_1^2+d_2^2}{d_2d_1} \tag{4-22}$$

$$\mathrm{CI_b}=\frac{1}{2}(\frac{d_1}{d_3L}+\frac{d_3}{d_1L})=\frac{1}{2L}\cdot\frac{d_1^2+d_3^2}{d_3d_1} \tag{4-23}$$

$$\mathrm{CI_c}=\frac{1}{2}(\frac{d_2}{d_3L}+\frac{d_3}{d_2L})=\frac{1}{2L}\cdot\frac{d_2^2+d_3^2}{d_3d_2} \tag{4-24}$$

下面证明：

$$\mathrm{CI_b}=\max(\mathrm{CI_a},\mathrm{CI_b},\mathrm{CI_c}) \tag{4-25}$$

式（4-23）减去式（4-22）得

$$\mathrm{CI_b}-\mathrm{CI_a}=\frac{1}{2L}\cdot(\frac{d_1^2+d_3^2}{d_3d_1}-\frac{d_1^2+d_2^2}{d_2d_1})=\frac{(d_2-d_3)(d_1^2-d_2d_3)}{2Ld_1d_2d_3} \tag{4-26}$$

因为

$$d_1>d_2>d_3>0$$

则

$$d_2 - d_3 > 0$$

和

$$d_1^2 - d_2 d_3 > 0$$

因此

$$\mathrm{CI_b} - \mathrm{CI_a} > 0$$

则

$$\mathrm{CI_b} > \mathrm{CI_a} \tag{4-27}$$

同理，容易得到

$$\mathrm{CI_b} > \mathrm{CI_c} \tag{4-28}$$

根据式（4-27）和式（4-28），证明式（4-25）成立。

在不对称竞争中，两个相邻木中的一个必定占绝对竞争优势，而这样的竞争格局是相对稳定的。也就是说，不对称竞争是相对稳定的。

再讨论第 4 种竞争方式：相同胸径等级林木之间的竞争，称为对称竞争。这里以大径木–大径木竞争为例。选大径木–中径木竞争方式（图 4-4a）作为对比，大径木–中径木竞争方式的竞争指数为式（4-22）。容易证明，大径木–大径木竞争方式的竞争指数小于大径木–中径木竞争方式的竞争指数。

设两个相邻大径木之间的距离为 L，大径木胸径为 d_1。大径木–大径木竞争方式的竞争指数为

$$\mathrm{CI_d} = \frac{1}{2}\left(\frac{d_1}{d_1 L} + \frac{d_1}{d_1 L}\right) = \frac{1}{L} \tag{4-28}$$

由式（4-22）和式（4-28），则

$$\mathrm{CI_a} - \mathrm{CI_d} = \frac{1}{2L} \cdot \frac{d_1^2 + d_2^2}{d_1 d_2} - \frac{1}{L} = \frac{(d_1 - d_2)^2}{2L d_1 d_2} \tag{4-29}$$

因为

$$d_1 > d_2$$

所以

$$(d_1 - d_2)^2 > 0$$

$$\mathrm{CI_a} - \mathrm{CI_d} > 0$$

即

$$\mathrm{CI_d} < \mathrm{CI_a}$$

证明，大径木–大径木竞争方式的竞争指数小于大径木–中径木竞争方式的竞争指数。同理可证明在距离相等的条件下，相同胸径等级林木间的竞争指数小于不同胸径等级林木间的竞争指数。也就是说，同等级相邻木的竞争能力接近，这就导致竞争结果的不确定性较大，其中之一很有可能会被淘汰。换句话说，同等级相邻木的竞争是不稳定的。

根据以上证明，不难解释为什么现实林常表现为大树均匀分布，小径木与大径木相邻的竞争格局。这种竞争格局就是由不稳定的同等级相邻木竞争不断淘汰其中之一，结果逐渐形成相对稳定的不同等级相邻木的竞争格局，即大树均匀分布，小径木与大径木相邻分布。在不对称竞争中，大径木处于竞争优势地位，小径木处于劣势地位，但小径木依然能够生存。这是因为小径木采取与大径木保持较远距离的策略，以减少与大径木在空间生态位上的重叠，从而降低来自大径木的竞争压力。这样，大径木既可保持竞争优势地位，小径木也不会被淘汰。因此，大径木、小径木可以相伴生长。显然，大径木在竞争格局的形成中起决定性作用，并影响整个林分的生长与发育。森林经营中必须强调保持大径木的均匀分布格局。

异龄林中，不对称竞争方式较常见。对于相邻竞争木而言，不对称竞争的结果符合适者生存原理，即占据最大现实空间生态位的林木容易生存下来。对于林分或生态系统而言，在有限的范围内，竞争具有空间生态位按需分配和优胜劣汰的自调节机制，现实生态位与基本生态位（金明仕，1992）相差较大的林木就会被淘汰。不对称竞争在满足竞争双方生态位需求方面都优于对称竞争。一般认为，异龄林的稳定性较高（García Abril *et al.*，1999；Bartelink and Olsthorn，1999），不对称竞争可能是异龄林维持高稳定性的原因之一。对称竞争是不稳定的，因为完全的竞争者不能共存（杨利民，2001）。然而，对称竞争的不稳定性正是系统演替的强大动力，尤其同龄林的自稀疏即是如此。因此，根据对称和不对称竞争机制，不考虑空间位置的幼树栽植措施可能是徒劳的。在人工促进天然更新中，栽植幼树与大树保持适当距离是必要的。

现实林中，可能存在各种竞争方式。无论哪种竞争方式，从林分整体来看，都有降低竞争的平衡机制，最常见的表现就是林分自稀疏。自稀疏结果对于保留木在满足其生态位需求上更有利。因此，从经营角度来看，维持较低的林分整体竞争水平是林分竞争格局的目标。可以按照大树均匀分布，大树与小树相邻，小树远离大树的自然竞争格局确定采伐木。尽量选择相近、径级较大、生长不良的林木作为采伐木。采伐后使较大的保留木均匀分布，小树与大树相邻，并保持适当距离，林分保持较低的竞争压力水平，以维持和提高林分稳定性。

4.3.4　竞争指数的性质

本书根据 Hegyi（1974）竞争指数讨论竞争指数的性质。

（1）相邻木竞争指数与对象木胸径成反比，与竞争木胸径成正比，并随对象木与竞争木之间距离的增大而减小［根据式（4-20）直接得到］。

（2）竞争指数总是大于 0，即相邻竞争木之间必定存在竞争。因为，对象木和竞争木的胸径及其距离都大于 0。

（3）当距离相等时，相同胸径等级林木间的竞争指数小于不同胸径等级林木间的竞争指数（4.3.3 节已经证明）。

4.4 混 交 度

迄今为止，表示树种空间隔离程度的方法有多种（惠刚盈和胡艳波，2001）。林学上常用的混交比仅说明林分中某一树种所占的比例，缺乏判知该树种在林分中的分布信息，更无法说明该树种周围是否有其他树种。Fisher 等（1943）的物种多样性指数只是对物种丰富程度的度量，无法对物种间的分布作出判断。Pielou（1966）提出的分隔指数仅适用于树种的两两比较。为此，von Gadow 和 Füldner（1992）提出混交度的概念。为了与其他混交度比较，不妨把 von Gadow 和 Füldner（1992）提出的混交度称为简单混交度。

4.4.1 简单混交度

简单混交度用来说明混交林中树种空间的隔离程度。它被定义为对象木 i 的 4 株最近邻木中，与对象木不是同一物种的个体所占的比例，用公式表示（von Gadow and Füldner，1992；惠刚盈等，2007）为

$$M_i = \frac{1}{4}\sum_{j=1}^{4} v_{ij} \tag{4-30}$$

式中，M_i 为对象木 i 的简单混交度；v_{ij} 为离散变量，当对象木 i 与最近邻木 j 非同一物种时，$v_{ij}=1$，反之，$v_{ij}=0$。

简单混交度表明了任意一株树的最近相邻木为其他树种的概率。当考虑对象木周围的 4 株相邻木时，M_i 的取值有 5 种情况，见表 4-2。这 5 种情况可能对应于零度、弱度、中度、强度、极强度混交（相对于此结构单元而言），说明在该结构单元中树种的隔离程度。

表 4-2 简单混交度取值

简单混交度（M_i）取值	相邻木树种情况	示意图
M_i=0	相邻木与对象木皆为同一树种	2 3 i 4 1
M_i=0.25	1 株相邻木为不同树种	2 3 i 4 1

续表

简单混交度（M_i）取值	相邻木树种情况	示意图
M_i=0.5	2 株相邻木为不同树种	
M_i=0.75	3 株相邻木为不同树种	
M_i=1	4 株相邻木为不同树种	

注：i 表示对象木；1～4 表示相邻木。实心圆表示树种相同

按式（4-30）计算的简单混交度是以对象木为中心的局部混交度，可称为点混交度。林分简单混交度是点混交度的平均值，公式为

$$M = \frac{1}{N}\sum_{i=1}^{N} M_i \tag{4-31}$$

式中，M 为林分简单混交度；N 为林分内林木株数（株）；M_i 为树木 i 的点混交度。

4.4.2　树种多样性混交度

不难看出，用式（4-30）计算的简单混交度是以对象木 i 与 n（n=4）株最近邻木之间的树种异同比较结果为基础的，并不考虑 n 株最近邻木相互之间的树种异同。因此，式（4-30）不能反映多个树种（2 个以上）的实际树种隔离程度。下面我们用图 4-5 所示的模拟例子加以说明。

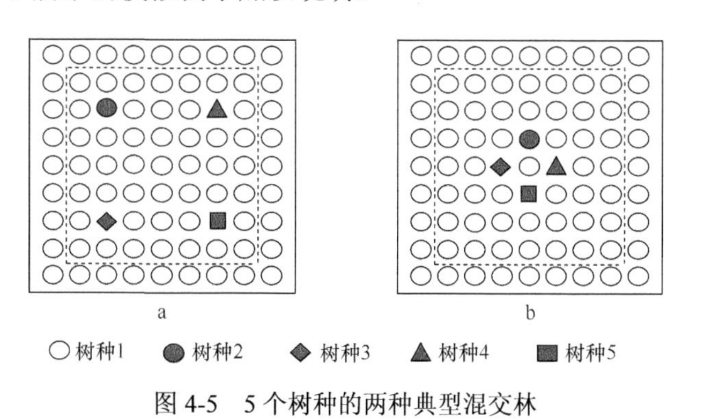

图 4-5　5 个树种的两种典型混交林

图 4-5 中，虚线方框之外的林木是边缘木。为消除边缘影响，在计算混交度时，对象木只考虑虚线方框内的林木。林分内林木总株数是 49 株，其中，树种 1 有 45 株，树种 2、树种 3、树种 4、树种 5 各有 1 株。显然，树种 1 占优势。图 4-5a 中，树种 2、树种 3、树种 4、树种 5 分散于林分中，它们除了与树种 1 相邻外，与其他树种不相邻。也就是说，在对象木的 4 株最近邻木中，与对象木树种不同的最近邻木最多只有 1 株。而图 4-5b 中，树种 2、树种 3、树种 4、树种 5 聚集分布在树种 1 的 1 株对象木周围。在该对象木的最近邻木中，与对象木树种不同的树种多达 4 株，即对象木和 4 株最近邻木树种各不相同。当取 n=4 时，根据式（4-30）和式（4-31）分别计算图 4-5a（M_{a}）和图 4-5b（M_{b}）的林分简单混交度，结果为 $M_{\mathrm{a}} = M_{\mathrm{b}} = 8/49 \approx 0.1633$。说明，这两种混交林的林分简单混交度相等。

可见，用式（4-30）计算的点混交度没有把这两种实际上并不相同的混交林区分开来。为解决这个问题，惠刚盈和胡艳波（2001）指出：用混交度进行树种空间隔离程度表达时，还要指明树种组成。也就是说，简单混交度并不能完全反映树种的空间隔离程度。为此，我们提出树种多样性混交度，以区别于根据式（4-30）和式（4-31）计算的简单混交度。

树种多样性混交度是指对象木与最近邻木之间，以及最近邻木相互之间的树种空间隔离程度。树种多样性混交度以简单混交度为基础，但点混交度除考虑对象木与最近邻木树种的异同之外，还考虑最近邻木之间树种的异同。树种多样性混交度定义（汤孟平等，2004b）为

$$M_i = \frac{n_i}{n^2}\sum_{j=1}^{n} v_{ij} \tag{4-32}$$

式中，M_i 为林木 i 的树种多样性点混交度；n_i 为对象木 i 的 n 株最近邻木中不同树种个数；n 为最近邻木株数（株）；$v_{ij} = \begin{cases} 1 & \text{当对象木}i\text{与最近邻木}j\text{属不同树种} \\ 0 & \text{当对象木}i\text{与最近邻木}j\text{属同一树种} \end{cases}$。

林分树种多样性混交度计算公式与式（4-31）相同。根据式（4-32）和式（4-31）可知，树种多样性混交度的取值范围为[0, 1]。纯林的树种多样性混交度为 0。各树种株数相等、又相互完全隔离的混交林的树种多样性混交度为 1，天然林中这种情况极少见。多数现实林介于这两个极端情形之间。

根据式（4-32）和式（4-31）重新计算图 4-5 中两种典型混交林的林分树种多样性混交度。仍取 n=4。图 4-5a 的树种多样性混交度 $M_{\mathrm{a}} = 3/49 \approx 0.0612$，图 4-5b 的树种多样性混交度 $M_{\mathrm{b}} = 4/49 \approx 0.0816$，后者大于前者。直观地看，图 4-5a 林分的树种隔离程度似乎高于图 4-5b 林分，这是把林木空间分布格局与树种相互隔离混为一谈所致。实际计算结果恰好相反。

为进一步说明树种多样性混交度的含义，我们看一个稍复杂的多行混交例子，

如图 4-6 所示。图 4-6 中，混交林 a 和混交林 b 的树种个数及各树种的株数完全相同，均为隔行混交模式。混交林 a 左起第 3 行与第 5 行交换就得到混交林 b。虚线框内的林木是用于计算混交度的对象木，仍取 n=4。直观地看，混交林 b 比混交林 a 的树种隔离程度高。但如果用式（4-30）计算点混交度，再用式（4-31）计算林分简单混交度，会发现 $M_{\mathrm{a}} = M_{\mathrm{b}} = 0.5000$，也就是说这两个混交林的简单混交度相等，树种隔离程度相同。显然，这个结论与事实不符。

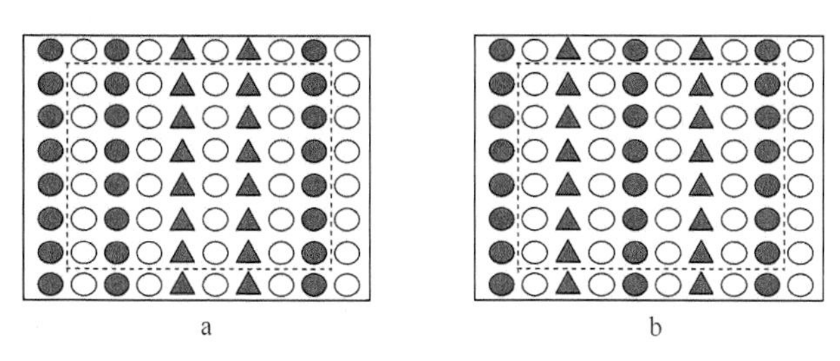

图 4-6　3 个树种的两种典型混交林

如果采用式（4-32）计算树种多样性点混交度。那么，混交林 a 的树种多样性混交度 $M_{\mathrm{a}} = 13.5/48 \approx 0.2813$，混交林 b 的树种多样性混交度 $M_{\mathrm{b}} = 15/48 = 0.3125$。说明混交林 b 的树种空间隔离程度大于混交林 a 的，这个结论是符合实际的。可见，树种多样性混交度能反映林分的实际混交程度，可作为描述混交林空间结构特征的一个指数。表 4-3 为图 4-5、图 4-6 四种林分混交度的计算结果。

表 4-3　四种林分混交度

混交林	简单混交度	树种多样性混交度
图 4-5a	0.1633	0.0612
图 4-5b	0.1633	0.0816
图 4-6a	0.5000	0.2813
图 4-6b	0.5000	0.3125

第 5 章　基于 GIS 的森林空间结构分析

5.1　概　　述

地理信息系统（geographical information system，GIS）是集计算机科学、地理科学、测绘学、遥感学、环境科学、空间科学、信息科学、管理科学等学科为一体的新兴边缘学科（黄杏元等，2001）。GIS 诞生于 20 世纪 60 年代，现如今，GIS 已应用于各个领域，如资源管理、区域规划、国土监测、辅助决策等。

GIS 在林业中的应用也十分广泛，但主要应用于大尺度林业资源的规划与管理，如天然林保护工程、生物多样性保护、荒漠化防治、区域综合治理等（李芝喜和孙保平，2000）。GIS 在林分尺度的应用十分少见。实际上，GIS 的主要功能是分析空间数据，提取空间信息。在测定林分中每株树木的空间位置数据和属性数据时，完全可以把 GIS 引入林分空间结构分析，获取林分空间信息，为林分经营决策提供依据。本章在森林空间结构分析理论的基础上，应用 GIS 空间分析功能，实现竞争分析、混交度分析和林木空间分布格局分析。

5.2　竞 争 分 析

5.2.1　问题提出

植物竞争一直是生态学研究的核心问题。树木竞争意味着有限的资源不足以支持同一生存空间范围内两株或多株树木的充分生长。近年来，随着森林可持续经营对森林空间结构信息需求的增加，树木竞争研究中，与距离有关的竞争指数被广泛使用（Biging and Dobbertin，1995；邹春静和徐文铎，1998；张思玉和郑世群，2001；Shi and Zhang，2003；段仁燕和王孝安，2005）。Hegyi（1974）竞争指数是国内外应用最多的与距离有关的竞争指数之一（Holmes and Reed，1991；Spathelf，2003；Corral Rivas *et al.*，2005；Bristow *et al.*，2006），该指数操作简便，又包含反映树木生长状况的重要因子——胸径。

Hegyi（1974）竞争指数需要测定树木坐标，以确定竞争单元。竞争单元由对象木和竞争木组成（Hegyi，1974；Martin and Ek，1984；Daniels *et al.*，1986）。确定竞争单元的传统方法是采用固定半径圆，即以对象木为中心，以给定半径圆内的其他树木为竞争木。此方法存在两个缺点。第一，圆半径有多种尺寸（表 5-1），圆半径不统一，结果难以比较。第二，事实上，植物个体主要与直接邻体竞争（王峥峰等，1998），而采用固定半径圆可能把非直接竞争者选为竞争木，却把某方向上的直接竞争者排除在竞争单元之外。如图 5-1 所示，对象木 0 的直接竞争者是竞争木 1、2、3、4、5。采用固定半径圆确定竞争木时，把非直接竞争者 6、7（小虚线圆），甚至 8、9、10（大虚线圆）也选为同等的竞争木。显然，用固定半径圆确定竞争木的株数依赖于给定半径，半径的取值不同，结果也不同。因此，有必要对 Hegyi（1974）竞争指数确定竞争木的方法进行研究，并提出更合理的方法。

表 5-1 Hegyi 竞争指数的几种固定圆半径

树种	半径/m	资料来源
北美短叶松（*Pinus banksiana*）	3.05	Hegyi，1974
欧洲黑松（*Pinus nigra*）	3～4	De Luis *et al.*，1998
黑云杉（*Picea mariana*）	4	Mailly *et al.*，2003
东北红豆杉（*Taxus cuspidata*）	5	郭忠玲等，1996
笔罗子（*Meliosma rigida*）	5	张思玉和郑世群，2001
马尾松（*Pinus massoniana*）	6	吴承桢等，1997
北美乔松（*Pinus strobus*）	6	Clinton *et al.*，1997
北美短叶松（*Pinus banksiana*）	6	Béland *et al.*，2003
欧洲水青冈（*Fagus sylvatica*）	8	Piutti and Cescati，1997
红松（*Pinus koraiensis*）	8	邹春静等，2001
异叶铁杉（*Tsuga heterophylla*）和北美乔柏（*Thuja plicata*）	8～13	Canham *et al.*，2004

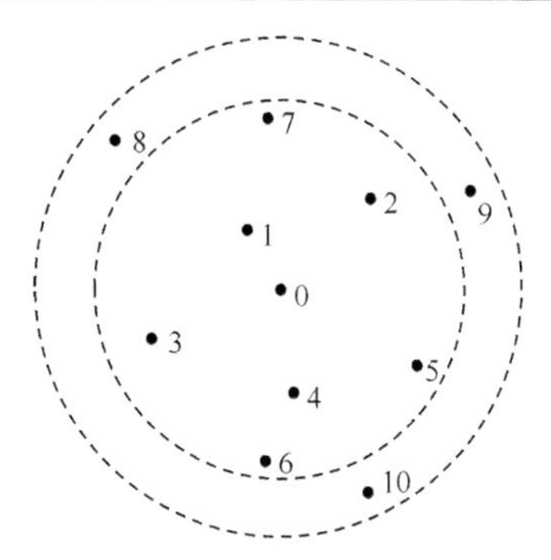

图 5-1 用固定半径圆确定竞争木示意图

5.2.2 竞争单元

用 Voronoi 图确定竞争单元，则可以克服上述两个缺点。Voronoi 图最早由俄国数学家 Voronoi 在 1908 年提出，1911 年荷兰气象学家 Thiessen 将之应用于气象观测（Thiessen，1911）。Voronoi 图是以诸多地理空间实体作为生长目标，按距离每一目标最近原则，将整个连续空间剖分为若干个 Voronoi 多边形，每一个 Voronoi 多边形只包含一个生长目标（陈军等，2003）。由于 Voronoi 图中的空间实体与 Voronoi 多边形一一对应，故常用 Voronoi 多边形确定空间实体的影响范围（陈军，2002），比如，在计算城市的吸引范围（李新运和郑新奇，2004）、空间竞争分析（朱渭宁等，2004）等时。Brown（1965）最早把 Voronoi 图用于树木竞争分析，提出可利用生存空间面积（APA）。APA 就是用以树木为离散点生成 Voronoi 多边形的面积来表示对象木可利用生存空间的大小。但 APA 主要用于物种竞争能力排序，不能直接用于种内、种间竞争分析。

用 Voronoi 图确定的竞争单元由对象木和竞争木组成。对象木是样地内任意一株树木。根据 Voronoi 图的特征，每个 Voronoi 多边形内仅包含 1 株树木。对象木所在的 Voronoi 多边形相邻的 Voronoi 多边形内的树木就是竞争木。显然，对象木的竞争木株数与相邻 Voronoi 多边形的个数相等（图 5-2）。

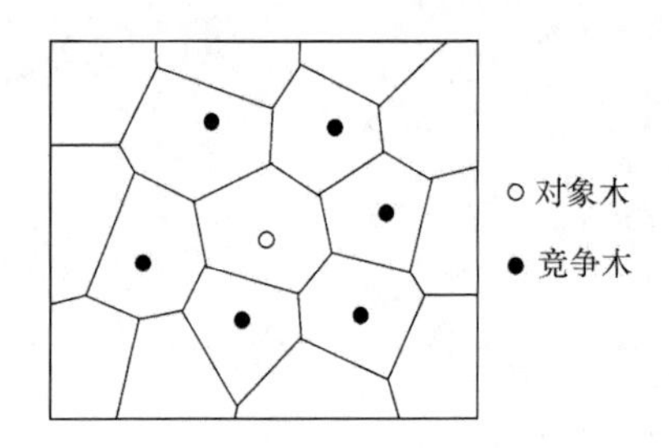

图 5-2　基于 Voronoi 图的竞争单元示意图

5.2.3　竞争指数

基于 Voronoi 图确定的竞争单元的 Hegyi（1974）竞争指数与式（4-20）基本一样。区别是确定对象木的竞争木株数的方法不同。基于 Voronoi 图的 Hegyi 竞争指数计算公式为

$$\mathrm{CI}_i = \sum_{j=1}^{n_i} \frac{d_j}{d_i \cdot L_{ij}} \tag{5-1}$$

式中，CI_i 为对象木 i 的点竞争指数；L_{ij} 为对象木 i 与竞争木 j 之间的距离（m）；d_i 为对象木 i 的胸径（cm）；d_j 为竞争木 j 的胸径（cm）；n_i 为对象木 i 所在竞争单元的竞争木株数；$i=1, 2, \cdots, N$；N 为对象木株数。

样地内所有对象木的竞争指数为

$$\mathrm{CI} = \sum_{i=1}^{N} \mathrm{CI}_i \tag{5-2}$$

除用式（5-2）计算所有对象木的竞争指数外，也可以根据样地内对象木株数取平均值，计算平均竞争指数。

当对象木和竞争木为同一树种时，CI 表示种内竞争指数；当对象木和竞争木为不同树种时，CI 表示种间竞争指数。

5.2.4　边缘矫正

处在样地边缘的对象木，其竞争木可能位于样地之外。为消除边缘的影响，必须进行边缘矫正。边缘矫正的方法有两种：8 邻域法和缓冲区法。

（1）8 邻域法：在样地的上、下、左、右、左上、左下、右上、右下 8 个邻域复制原样地，即平移原样地，形成 9 个样地组成的大样地。计算对象木竞争指数时，对象木仅限于原样地内的树木。

（2）缓冲区法：以样地各条边向样地内部一定距离的范围作为缓冲区。计算对象木竞争指数时，对象木仅限于原样地除去缓冲区后的树木。

5.3　混交度分析

5.3.1　问题提出

在混交度研究中，关于计算混交度的最重要的参数之一——对象木最近邻木株数 n 的取值尚存有争议。Füldner（1995）认为 n=3。而惠刚盈和胡艳波（2001）研究指出，n=4 可以满足对混交林空间结构分析的要求。实际上，无论 n 固定取值多少，都不可避免顾此失彼：当 n 取值过大，可能把非最近邻木也纳入计算范围；反之，当 n 取值过小，又不能兼顾对象木周围最近邻木的所有可能情形，都将导致混交度的有偏估计。

显然，之所以争论 n 取 3、4 或其他值，是由于没有找到确定最近邻木的合理方法。事实上，现实森林中，对象木周围的最近邻木有多种分布情形，任何固定 n 值的方法都不能反映实际混交状况。因此，根据对象木周围实际混交状况确定最近邻木的方法值得研究。

5.3.2　混交度计算

Voronoi 图完全可以引入混交度研究，以便确定对象木的最近邻木株数，可以克服以上缺点。因为，根据 Voronoi 图的特征，任意一株对象木的最近邻木是唯一确定的，由此计算的混交度准确可靠。基于 Voronoi 图的混交度计算公式为

$$M_i = \frac{1}{n_i}\sum_{j=1}^{n_i} v_{ij} \tag{5-3}$$

式中，M_i 为对象木 i 的混交度；n_i 为最近邻木株数；v_{ij} 是一个离散性的变量，当对象木 i 与最近邻木 j 非同一树种时，v_{ij}=1，反之，v_{ij}=0。

关于最近邻木株数的取值，惠刚盈和胡艳波（2001）采用 4。在式（5-3）中，基于 Voronoi 图的对象木的最近邻木株数与相邻 Voronoi 多边形的个数相等，这是式（5-3）与式（4-30）的不同之处。

按式（5-3）计算的混交度是以对象木为中心的局部混交度。对林分还要计算平均混交度，计算公式为

$$\bar{M} = \frac{1}{N}\sum_{i=1}^{N} M_i = \frac{1}{N}\sum_{i=1}^{N}\left(\frac{1}{n_i}\sum_{j=1}^{n_i} v_{ij}\right) \tag{5-4}$$

式中，$\bar{M}$ 为林分混交度；N 为林分内林木株数；其他符号同式（5-3）。

5.3.3 边缘矫正

边缘矫正方法同“5.2.4　边缘矫正”。

5.3.4 全混交度

5.3.4.1　概述

由于 von Gadow 和 Füldner（1992）提出的混交度仅考虑了对象木与最近邻木之间的树种隔离关系，并没有考虑最近邻木之间的树种异同，因此对空间结构单元的树种隔离程度的反映是不完整的。汤孟平等（2004a）注意到这个问题，并提出了树种多样性混交度。此后，惠刚盈等（2008）又指出了树种多样性混交度的不足，认为树种多样性混交度混淆了 4 个最近邻木中有 3 株树种相同（图 5-3a）和 4 个最近邻木中有 2 株树种相同（图 5-3b）的混交度。为此，惠刚盈等（2008）又提出了物种空间状态的概念。

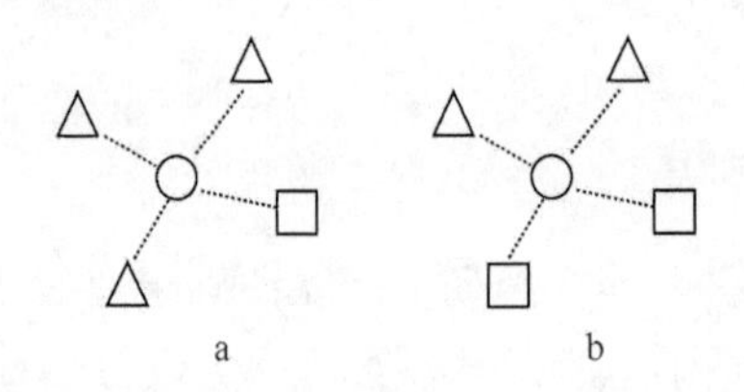

图 5-3　两种不同的混交结构单元示意图

不同符号表示不同树种，相同符号表示相同树种。其中，○表示对象木，△和□表示最近邻木

事实上，物种空间状态也没有解决树种多样性混交度存在的问题。对图 5-3 中两种不同的混交结构单元计算混交度，树种多样性混交度均为 0.5，物种空间状态均为 0.6。后者大于前者，说明物种空间状态对树种空间隔离程度的灵敏性有所提高。但是，分别采用树种多样性混交度或者物种空间状态计算得出的两种不同混交结构单元的混交度都是相同的。说明树种多样性混交度和物种空间状态都不能区分这两种不同的混交结构。原因在于用最近邻木（树种多样性混交度）或空间结构单元（物种空间状态）的树种数分别占最近邻木株数或空间结构单元林木株数的比例来描述最近邻木之间的树种隔离程度是不准确的。因为相同的树种数比例，可能存在不同的树种隔离关系。如图 5-3a 和图 5-3b 所示，虽然两种混交结构单元的树种数比例相同，具体来讲，当计算最近邻木树种数比例时，均为 2/4，考虑计算空间结构单元树种数比例时，均为 3/5，但它们的树种隔离关系并不相同，而计算的混交度却相同，说明没有把不同树种的隔离关系区分开来。因此，不能用树种数比例代替最近邻木相互之间的树种隔离关系。树种数比例可以表达树种多样性，但不能同时表达树种隔离关系。

根据现有混交度的研究不难发现，混交度本质上是定量描述林分空间结构单元中树种隔离程度的指数，它取决于树种多样性和树种空间隔离关系。树种多样性是树种空间隔离的基础，树种越多，不同树种之间相互隔离的可能性越大。树种空间隔离关系包括对象木与最近邻木之间的树种隔离及最近邻木相互之间的树种隔离。但是，现有混交度存在的共同问题是对空间结构单元的树种隔离关系表达不完整，导致不同混交结构具有相同混交度的结果。鉴于此，汤孟平等（2012）提出了一个新的混交度，即全混交度。全混交度全面考虑了空间结构单元的树种隔离关系和树种多样性，可以避免出现不同混交结构具有相同混交度的现象。下文首先介绍基于 GIS 的 Voronoi 图分析功能的全混交度，然后以天目山常绿阔叶林数据为例，对不同混交度指数进行比较分析。

5.3.4.2　全混交度的定义

全混交度全面考虑了对象木与最近邻木之间以及最近邻木相互之间的树种隔离关系，同时兼顾了树种多样性。树种多样性不仅需要考虑树种数，还要考虑不同树种所占比例的均匀度。为此，引入辛普森多样性指数（Simpson 多样性指数）（Simpson，1949；Shimatani，2001；Onaindiaa *et al.*，2004）来描述树种多样性，以提高树种多样性的区分度。全混交度的计算公式为

$$\mathrm{Mc}_i = \frac{1}{2}\left(D_i + \frac{c_i}{n_i}\right) \cdot M_i \tag{5-5}$$

式中，Mc_i 为空间结构单元 i 中对象木的全混交度；M_i 为简单混交度，见式（5-3）；

n_i为对象木 i 基于 Voronoi 图空间结构单元的最近邻木株数（$n_i \geqslant 3$，因为不在一条直线上的三点可以确定一个平面，即 Voronoi 多边形）；c_i为对象木的最近邻木中成对相邻木非同种的个数；$\frac{c_i}{n_i}$表示最近邻木树种隔离度；D_i 为空间结构单元的 Simpson 多样性指数，表示树种分布均匀度。

Simpson 多样性指数计算公式为

$$D_i = 1 - \sum_{j=1}^{s_i} p_j^2 \text{ , } D_i \in [0, 1] \tag{5-6}$$

式中，p_j为空间结构单元中树种 j 的株数比例；s_i为空间结构单元的树种数。当只有 1 个树种时，D_i=0；当有无限多个树种且株数比例均等时，D_i=1。

为了比较全混交度与简单混交度、树种多样性混交度和物种空间状态的差异，在图 5-3 两种不同混交结构单元的基础上，再假定 3 种典型的混交结构单元（图 5-4）。图 5-4a 是为了与图 5-3b 进行比较，二者均有 3 个树种，且各树种株数也相同，唯一区别是 4 个最近邻木的相互隔离关系不同。图 5-4b 和图 5-4c 则代表树种各不相同的两种混交结构单元，图 5-4b 有 5 个不同树种，图 5-4c 有 6 个不同树种，这是假定最近邻木株数可变（现实中常如此）的前提下的两种极端树种隔离情形。上述 5 个混交结构单元的不同混交度计算结果见表 5-2。

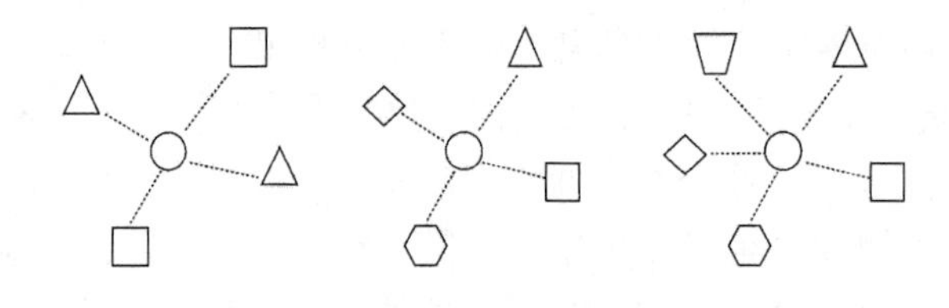

图 5-4　3 种典型的混交结构单元示意图

不同符号表示不同树种，相同符号表示相同树种。其中，○表示对象木，△、□、◇、⬡和▽表示最近邻木

表 5-2　5 个混交结构单元的不同混交度计算结果

混交结构单元	简单混交度	树种多样性混交度	物种空间状态	全混交度
图 5-3a	1	0.5	0.6	0.5300
图 5-3b	1	0.5	0.6	0.5700
图 5-4a	1	0.5	0.6	0.8200
图 5-4b	1	1.0	1.0	0.9000
图 5-4c	1	1.0	1.0	0.9167

由表 5-2 可见，简单混交度根本不能区分图 5-3 和图 5-4 中 5 种不同混交结构单元的树种隔离程度。树种多样性混交度和物种空间状态也只有较弱的分辨能力，

不能区分图 5-3b 和图 5-4a 两个树种组成相同，但最近邻木相互隔离关系不同的空间结构单元。全混交度则具有最强的树种隔离程度分辨能力，完全可以区分这 5 种不同的混交结构单元。因此，全混交度对空间结构单元的树种多样性和树种空间隔离关系具有更准确的表达，是对林分生物多样性和林分结构复杂性的一种有效空间表述。

5.3.4.3　各混交度之间的数学关系

下面将证明各混交度之间存在的数学关系。M_i、Mt_i、Ms_i 分别为空间结构单元 i 的简单混交度、树种多样性混交度和物种空间状态，计算公式见文献 von Gadow 和 Füldner（1992）、汤孟平等（2004a）、惠刚盈等（2008）与 Hui 等（2011）。Mc_i 为全混交度，计算公式见式（5-5）。M_i、Mt_i、Ms_i 和 Mc_i 的取值范围均为[0, 1]，以下不再说明。设 t_i 为空间结构单元 i 对象木的相邻木中不同树种的数量，其他符号同式（5-5）。

定理 1　简单混交度与树种多样性混交度、物种空间状态或全混交度的关系：简单混交度大于或等于树种多样性混交度、物种空间状态和全混交度，即 $M_i \geqslant \mathrm{Mt}_i$、$M_i \geqslant \mathrm{Ms}_i$、$M_i \geqslant \mathrm{Mc}_i$。

证明　先证 $M_i \geqslant \mathrm{Mt}_i$。根据简单混交度和树种多样性混交度计算公式，有 $\mathrm{Mt}_i = \frac{t_i}{n_i} \cdot M_i$。因为 $0 \leqslant \frac{t_i}{n_i} \leqslant 1$，所以 $\frac{t_i}{n_i} \cdot M_i \leqslant M_i$，有 $M_i \geqslant \mathrm{Mt}_i$。同理，可证 $M_i \geqslant \mathrm{Ms}_i$。

再证 $M_i \geqslant \mathrm{Mc}_i$。

因为 $0 \leqslant D_i \leqslant 1$ 和 $0 \leqslant \frac{c_i}{n_i} \leqslant 1$，所以 $0 \leqslant \frac{1}{2}\left(D_i + \frac{c_i}{n_i}\right) \leqslant 1$。又因为 $0 \leqslant M_i \leqslant 1$。

所以，$\frac{1}{2}\left(D_i + \frac{c_i}{n_i}\right) \cdot M_i \leqslant M_i$，根据式（5-5）有 $M_i \geqslant \mathrm{Mc}_i$。

定理 2　树种多样性混交度与物种空间状态的关系：当空间结构单元的树种数等于最近邻木的树种数时，树种多样性混交度大于或等于物种空间状态，即当 $t_i = s_i$ 时，$\mathrm{Mt}_i \geqslant \mathrm{Ms}_i$，当且仅当 $t_i = s_i = 1$ 时，$\mathrm{Mt}_i = \mathrm{Ms}_i = 0$；当空间结构单元的树种数比最近邻木的树种数多 1，或者对象木的树种与最近邻木的树种均不相同时，树种多样性混交度小于或等于物种空间状态，即当 $t_i + 1 = s_i$ 时，$\mathrm{Mt}_i \leqslant \mathrm{Ms}_i$，当且仅当 $t_i = n_i$ 时，$\mathrm{Mt}_i = \mathrm{Ms}_i = 1$。

证明　先证第一个结论。

当 $t_i = s_i$ 时，因为 t_i、s_i 和 n_i 都是正数，所以 $\frac{t_i}{n_i} > \frac{t_i}{n_i + 1}$、$\frac{t_i}{n_i} > \frac{s_i}{n_i + 1}$。又因 M_i

为非负数，则$\frac{t_i}{n_i}\cdot M_i \geqslant \frac{s_i}{n_i+1}\cdot M_i$，当且仅当$t_i=s_i=1$时，空间结构单元只有1个树种，则$M_i=0$，不等式取等号且等于0。根据树种多样性混交度和物种空间状态计算公式，有$\mathrm{Mt}_i \geqslant \mathrm{Ms}_i$。

再证第二个结论。

已知$t_i+1=s_i$时，则$t_i<s_i$。因为t_i、s_i和n_i都是正数，且$t_i \leqslant n_i$，根据不等式的性质，有$\frac{t_i}{n_i} \leqslant \frac{t_i+1}{n_i+1}$，即$\frac{t_i}{n_i} \leqslant \frac{s_i}{n_i+1}$，则有$\frac{t_i}{n_i}\cdot M_i \leqslant \frac{s_i}{n_i+1}\cdot M_i$，当且仅当$t_i=n_i$时，$M_i=1$，不等式取等号且等于1。根据树种多样性混交度和物种空间状态计算公式，有$\mathrm{Mt}_i \leqslant \mathrm{Ms}_i$。

以下5个定理反映全混交度、树种多样性混交度和物种空间状态的关系。由于全混交度明显不同于树种多样性混交度和物种空间状态，它们之间的关系十分复杂。根据c_i、t_i和s_i之间的关系及树种多样性，它们之间的关系可分为5种，分别见定理3～定理7。

定理3　当空间结构单元的树种数和最近邻木的树种数均为1时，即$t_i=s_i=1$，则$\mathrm{Mt}_i=\mathrm{Ms}_i=\mathrm{Mc}_i=0$。

证明　已知$t_i=s_i=1$，则$M_i=0$，根据树种多样性混交度、物种空间状态的计算公式和式（5-5），有$\mathrm{Mt}_i=\mathrm{Ms}_i=\mathrm{Mc}_i=0$。

定理4　当空间结构单元的树种数和最近邻木的树种数相等，也等于最近邻木中成对相邻木非同种的个数，但不等于1时，即$t_i=s_i=c_i\neq 1$：①当$D_i \geqslant \frac{c_i}{n_i}$，则全混交度大于或等于树种多样性混交度，且大于物种空间状态，即$\mathrm{Mc}_i \geqslant \mathrm{Mt}_i > \mathrm{Ms}_i$；②当$D_i < \frac{c_i}{n_i}$，则全混交度大于物种空间状态，但小于树种多样性混交度，即$\mathrm{Ms}_i < \mathrm{Mc}_i < \mathrm{Mt}_i$。

证明　情形①：已知$D_i \geqslant \frac{c_i}{n_i}$，$c_i=t_i\neq 1$，有$\frac{c_i}{n_i}=\frac{t_i}{n_i}$，则$D_i+\frac{c_i}{n_i} \geqslant \frac{c_i}{n_i}+\frac{t_i}{n_i}$，即$D_i+\frac{c_i}{n_i} \geqslant \frac{t_i}{n_i}+\frac{t_i}{n_i}$。因此，$\frac{1}{2}\left(D_i+\frac{c_i}{n_i}\right) \geqslant \frac{t_i}{n_i}$，$\frac{1}{2}\left(D_i+\frac{c_i}{n_i}\right)\cdot M_i \geqslant \frac{t_i}{n_i}\cdot M_i$，结合树种多样性混交度计算公式，有$\mathrm{Mc}_i \geqslant \mathrm{Mt}_i$。又知$t_i=s_i\neq 1$，根据定理2，有$\mathrm{Mt}_i > \mathrm{Ms}_i$。因此，有$\mathrm{Mc}_i \geqslant \mathrm{Mt}_i > \mathrm{Ms}_i$。

情形②：已知$D_i < \frac{c_i}{n_i}$，$c_i=t_i=s_i\neq 1$。则$\frac{c_i}{n_i}=\frac{s_i}{n_i}$，$D_i+\frac{c_i}{n_i} < \frac{c_i}{n_i}+\frac{c_i}{n_i}$，有

$$D_i+\frac{c_i}{n_i}=D_i+\frac{s_i}{n_i} \tag{5-7}$$

$$\frac{1}{2}\left(D_i+\frac{c_i}{n_i}\right)<\frac{t_i}{n_i} \tag{5-8}$$

当空间结构单元的株数按树种分布最不均匀时，即某一个树种的株数最多，其余树种的株数均为 1 时，D_i 达到最小值 $D_{\min}$：

$$D_{\min}=1-\left[\frac{(n_i+1)-(s_i-1)}{n_i+1}\right]^2-\frac{s_i-1}{(n_i+1)^2}=\frac{(s_i-1)(2n_i+2-s_i)}{(n_i+1)^2} \tag{5-9}$$

根据式（5-9），必有 $D_i \geqslant D_{\min}$。进一步有

$$D_i+\frac{s_i}{n_i}\geqslant\frac{(s_i-1)(2n_i+2-s_i)}{(n_i+1)^2}+\frac{s_i}{n_i} \tag{5-10}$$

把式（5-10）两边减去同一项

$$D_i+\frac{s_i}{n_i}-\frac{2s_i}{n_i+1}\geqslant\frac{(s_i-1)(2n_i+2-s_i)}{(n_i+1)^2}+\frac{s_i}{n_i}-\frac{2s_i}{n_i+1} \tag{5-11}$$

已知 $c_i=t_i=s_i\neq1$，则 $s_i\geqslant2$，且空间结构单元的株数大于或等于空间结构单元的树种数，即 $n_i+1-s_i\geqslant0$。则式（5-11）的右端项

$$\begin{aligned}&\frac{(s_i-1)(2n_i+2-s_i)}{(n_i+1)^2}+\frac{s_i}{n_i}-\frac{2s_i}{n_i+1}\\&=\frac{n_i(s_i-1)(2n_i+2-s_i)+s_i(n_i+1)^2-2s_in_i(n_i+1)}{n_i(n_i+1)^2}\\&=\frac{n_i(s_i-2)(n_i+1-s_i)+s_i}{n_i(n_i+1)^2}>0\end{aligned}$$

因此，根据式（5-11），有 $D_i+\frac{s_i}{n_i}>\frac{2s_i}{n_i+1}$。再根据式（5-7），有

$$\frac{1}{2}\left(D_i+\frac{c_i}{n_i}\right)>\frac{s_i}{n_i+1} \tag{5-12}$$

把式（5-8）与式（5-12）相结合，有

$$\frac{s_i}{n_i+1}<\frac{1}{2}\left(D_i+\frac{c_i}{n_i}\right)<\frac{t_i}{n_i} \tag{5-13}$$

根据式（5-13），有 $\frac{s_i}{n_i+1}\cdot M_i<\frac{1}{2}\left(D_i+\frac{c_i}{n_i}\right)\cdot M_i<\frac{t_i}{n_i}\cdot M_i$。由树种多样性混交度、物种空间状态计算公式和式（5-5），有 $\mathrm{Ms}_i<\mathrm{Mc}_i<\mathrm{Mt}_i$。

定理 5　当空间结构单元的树种数和最近邻木的树种数相等，且成对相邻木非

同种的个数至少比最近邻木的树种数多 1，即 $t_i=s_i\neq 1$，$c_i\geqslant t_i+1$ 时，$Mc_i>Mt_i>Ms_i$。

证明　已知 $c_i\geqslant t_i+1$，则 $c_i-t_i\geqslant 1$。已知 $t_i=s_i\neq 1$，且 $n_i\geqslant c_i$。所以，$n_i-t_i\geqslant 1$，$n_i-s_i\geqslant 1$。根据式（5-9），有

$$D_i\geqslant\frac{s_i-1}{n_i+1}\cdot\frac{n_i+2+n_i-s_i}{n_i+1}\geqslant\frac{s_i-1}{n_i+1}\cdot\frac{n_i+3}{n_i+1}\tag{5-14}$$

因为式（5-14）右端项

$$\frac{s_i-1}{n_i+1}\cdot\frac{n_i+3}{n_i+1}=\frac{s_i-1}{n_i}\cdot\frac{n_i(n_i+3)}{(n_i+1)^2}=\frac{s_i-1}{n_i}\cdot\frac{n_i^2+2n_i+n_i}{n_i^2+2n_i+1}>\frac{s_i-1}{n_i}$$

所以

$$D_i>\frac{s_i-1}{n_i}\tag{5-15}$$

把式（5-15）两边加上 $\frac{c_i}{n_i}$，则 $D_i+\frac{c_i}{n_i}>\frac{s_i-1}{n_i}+\frac{c_i}{n_i}$。因为 $c_i\geqslant t_i+1$，$t_i=s_i$，有

$$D_i+\frac{c_i}{n_i}>\frac{t_i-1}{n_i}+\frac{t_i+1}{n_i}\tag{5-16}$$

把式（5-16）两边除以 2，得 $\frac{1}{2}\left(D_i+\frac{c_i}{n_i}\right)>\frac{t_i}{n_i}$。根据不等式性质，有 $\frac{1}{2}\left(D_i+\frac{c_i}{n_i}\right)>\frac{t_i}{n_i}>\frac{s_i}{n_i+1}$。不等式各项乘以 M_i，有 $\frac{1}{2}\left(D_i+\frac{c_i}{n_i}\right)\cdot M_i>\frac{t_i}{n_i}\cdot M_i>\frac{s_i}{n_i+1}\cdot M_i$。因此，$Mc_i>Mt_i>Ms_i$。

定理 6　当空间结构单元的树种数比最近邻木的树种数多 1，且最近邻木中成对相邻木非同种的个数等于最近邻木的树种数，即 $s_i=t_i+1$，$c_i=t_i$ 时：

①当 $D_i\geqslant\frac{c_i}{n_i}$，则全混交度大于或等于树种多样性混交度，且物种空间状态也大于或等于树种多样性混交度，即 $Mc_i\geqslant Mt_i$，$Ms_i\geqslant Mt_i$；②当 $D_i<\frac{c_i}{n_i}$，则全混交度小于树种多样性混交度，且小于物种空间状态，即 $Mc_i<Mt_i\leqslant Ms_i$。

证明　情形①：已知 $s_i=t_i+1$，$c_i=t_i$，$D_i\geqslant\frac{c_i}{n_i}$，有 $M_i\neq 0$，$D_i+\frac{c_i}{n_i}\geqslant\frac{c_i}{n_i}+\frac{c_i}{n_i}$，进而有 $\frac{1}{2}\left(D_i+\frac{c_i}{n_i}\right)\geqslant\frac{c_i}{n_i}$，$\frac{1}{2}\left(D_i+\frac{c_i}{n_i}\right)\cdot M_i\geqslant\frac{t_i}{n_i}\cdot M_i$。由树种多样性混交度计算公式和式（5-5），有 $Mc_i\geqslant Mt_i$。根据定理 2，有 $Ms_i\geqslant Mt_i$。

情形②：已知 $s_i=t_i+1$，$c_i=t_i$，$D_i<\frac{c_i}{n_i}$，则 $D_i+\frac{c_i}{n_i}<\frac{c_i}{n_i}+\frac{c_i}{n_i}$，有 $D_i+\frac{c_i}{n_i}<\frac{t_i}{n_i}+\frac{t_i}{n_i}$。因此，$\frac{1}{2}\left(D_i+\frac{c_i}{n_i}\right)<\frac{t_i}{n_i}\leqslant\frac{t_i+1}{n_i+1}$。因为 $M_i\neq0$，有 $\frac{1}{2}\left(D_i+\frac{c_i}{n_i}\right)\cdot M_i<\frac{t_i}{n_i}\cdot M_i\leqslant\frac{s_i}{n_i+1}\cdot M_i$。其中，当 $n_i=t_i$ 时，不等式取等号。由树种多样性混交度、物种空间状态计算公式和式（5-5），有 $Mc_i<Mt_i\leqslant Ms_i$。

定理 7　当空间结构单元的树种数比最近邻木的树种数多 1，且最近邻木中成对相邻木非同种的个数至少比最近邻木的树种数多 1，即 $s_i=t_i+1$，$c_i\geqslant t_i+1$ 时，$Mc_i>Ms_i\geqslant Mt_i$。

证明　已知 $s_i=t_i+1$，$c_i\geqslant t_i+1$。所以，$c_i\geqslant s_i$，$\frac{c_i}{n_i}\geqslant\frac{s_i}{n_i}$，进而有

$$D_i+\frac{c_i}{n_i}\geqslant D_i+\frac{s_i}{n_i} \tag{5-17}$$

根据式（5-9），则式（5-17）的右端项

$$D_i+\frac{s_i}{n_i}\geqslant\frac{(s_i-1)(2n_i+2-s_i)}{(n_i+1)^2}+\frac{s_i}{n_i} \tag{5-18}$$

因为 $t_i\geqslant1$，$s_i=t_i+1$，则 $s_i\geqslant2$，且 $n_i+1-s_i\geqslant0$。所以式（5-12）成立，并且有

$$\frac{1}{2}\left(D_i+\frac{c_i}{n_i}\right)>\frac{s_i}{n_i+1}\geqslant\frac{t_i}{n_i} \tag{5-19}$$

根据式（5-19），有 $\frac{1}{2}\left(D_i+\frac{c_i}{n_i}\right)\cdot M_i>\frac{s_i}{n_i+1}\cdot M_i>\frac{t_i}{n_i}\cdot M_i$。由树种多样性混交度、物种空间状态计算公式和式（5-5），有 $Mc_i>Ms_i\geqslant Mt_i$。

5.3.4.4　研究数据与边缘矫正

2005 年，课题组在浙江天目山国家级自然保护区内选择典型的常绿阔叶林，设置大小为 100m×100m 的 1 个大型固定样地，样地中心海拔 630m，主坡向南坡。用相邻格子调查方法，把样地划分为 100 个 10m×10m 的调查单元，对每个调查单元进行每木调查，并采用徕卡 TCR702 全站仪测定每株树木基部的三维坐标。2010 年，课题组对该固定样地进行复查，在每个调查单元内，对胸径≥5cm 的树木进行每木调查，测定每株树木的胸径、树高、枝下高和冠幅等因子。对达到起测径阶的树木，还要记录树种和测定树木基部三维坐标。本研究以 2010 年复查数据作为基础数据。

空间结构单元是森林空间结构分析的基本单位，它由对象木和最近邻木组成。对象木是固定样地内任意一株树木，最近邻木采用基于 GIS 的 Voronoi 图分析方法确定（汤孟平等，2009）。为消除样地边缘的影响，采用缓冲区方法进行边缘矫正，即把由样地的每条边向固定样地内部水平距离 5m 的范围作为缓冲区进行边缘矫正。样地中除缓冲区外的其余部分称为矫正样地，矫正样地大小为 90m×90m。在计算混交度时，仅把矫正样地内的全部树木作为对象木。

5.3.4.5 结果分析

基于 GIS 进行程序设计，计算每株对象木的 4 种混交度，以及林分平均混交度，并绘制混交度之间的关系图（图 5-5，图 5-6）。从图 5-5 和图 5-6 可以看出，各混交度之间有以下几个明显关系和特点。

第一，图 5-5a～c 反映了简单混交度与其他混交度之间的关系（定理 1）。各图中，从坐标系原点出发的第一象限角平分线是两种混交度相等的点所在的直线（下同）。可见，所有点分布在角平分线及以下区域，表明简单混交度大于或等于树种多样性混交度（图 5-5a）、物种空间状态（图 5-5b）和全混交度（图 5-5c）。林分平均混交度也显示了同样的大小关系特征（图 5-6）。这验证了各混交度之间关系定理 1。说明，简单混交度没有考虑最近邻木相互之间的树种隔离关系及树种多样性，从而过高地估计了树种隔离程度。

第二，图 5-5d 反映了树种多样性混交度与物种空间状态之间的关系（定理 2）。可以看出，离散点被分为上、下两部分，并呈现两个分离的线性关系趋势。下面的部分表示当 $t_i=s_i$ 时，树种多样性混交度大于或等于物种空间状态，仅当 $t_i=s_i=1$ 时，两种混交度相等且为 0，这验证了关系定理 2 的第一个结论。实际上，当 $t_i=s_i=1$ 时，全混交度也等于 0，这验证了定理 3。上面的部分表示当 $t_i+1=s_i$ 时，树种多样性混交度小于或等于物种空间状态，仅当 $t_i=n_i$ 时，两种混交度相等且为 1，这验证了关系定理 2 的第二个结论。由于树种多样性混交度与物种空间状态之间存在分离的线性关系，说明对于给定的空间结构单元，树种多样性混交度与物种空间状态的大小不仅与树种隔离有关，还受空间结构单元的树种数和最近邻木的树种数是否相等的影响，结果出现波动，不便于独立准确描述空间结构单元的树种隔离关系。从平均混交度来看，平均树种多样性混交度＞平均物种空间状态混交度（图 5-6），但该结论不是一般性结论。

第三，图 5-5e～j 反映了全混交度与树种多样性混交度和物种空间状态之间的关系（定理 4～定理 7）。图 5-5e 和图 5-5f 分别验证了定理 4 的结论一和结论二。图 5-5g 验证了定理 5。图 5-5h 和图 5-5i 分别验证了定理 6 的结论一和结论二。图 5-5j 验证了定理 7。表明，各混交度的关系取决于空间结构单元的树种数、最近邻木的树种数和成对相邻木非同种的个数，以及 Simpson 多样性指数。当空间

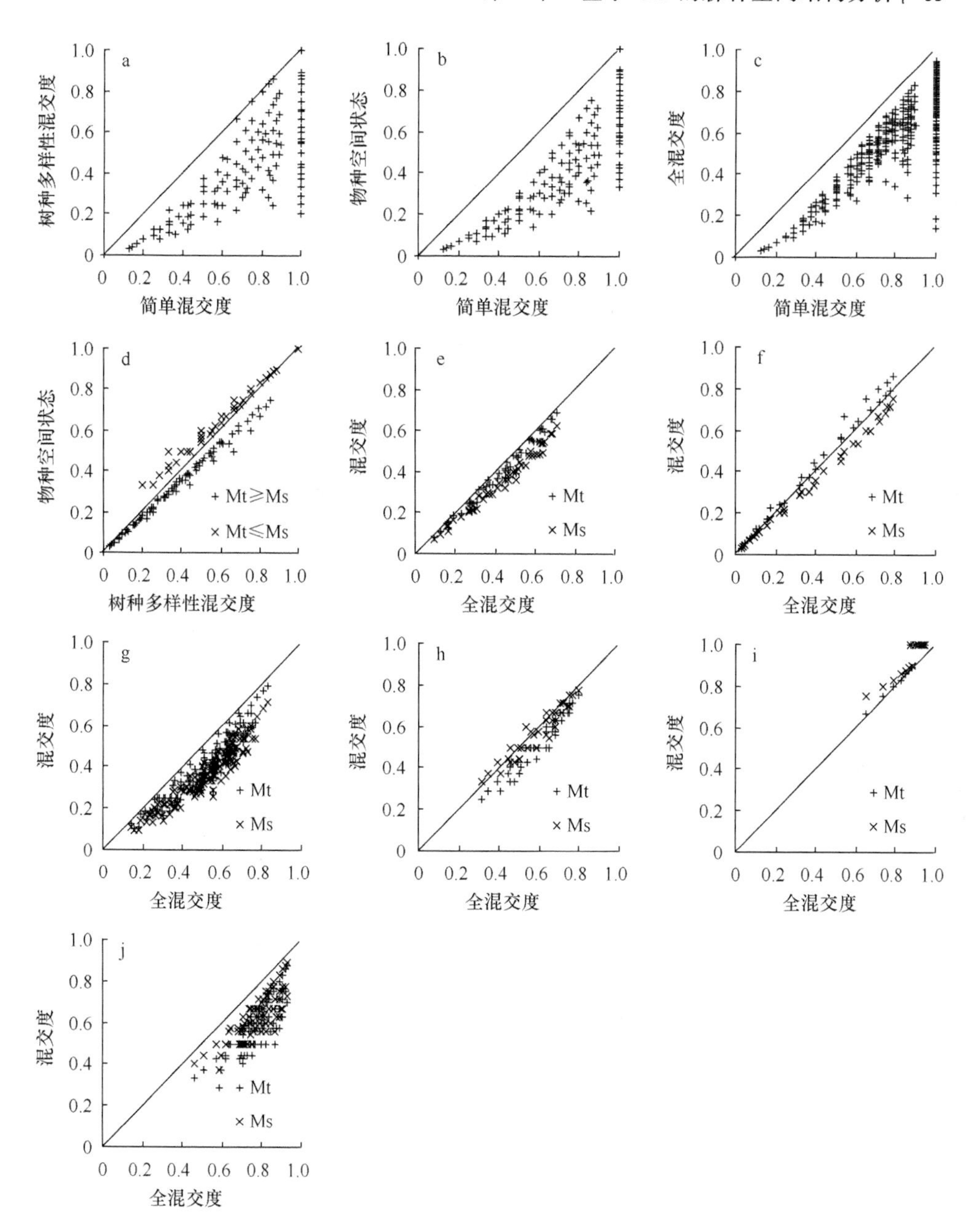

图 5-5　不同混交度的关系

Mt：树种多样性混交度；Ms：物种空间状态

结构单元树种隔离关系一定时，如果树种多、分布均匀，Simpson 多样性指数高，则全混交度就大；反之，全混交度就小。树种多样性混交度和物种空间状态之间的关系则服从定理 2。显然，全混交度增加考虑了最近邻木相互之间的树种隔离

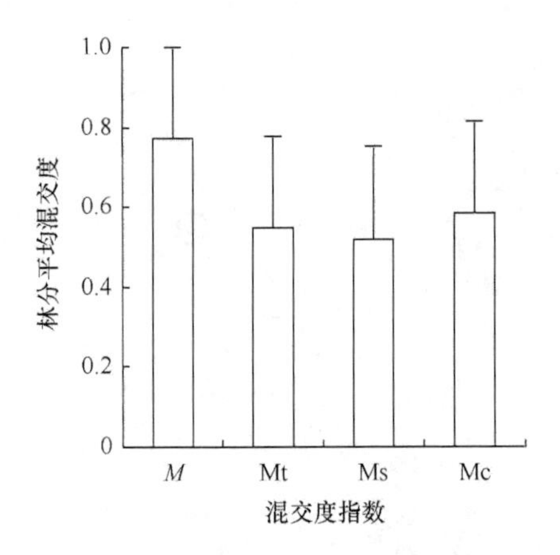

图 5-6 林分平均混交度

M：简单混交度；Mt：树种多样性混交度；Ms：物种空间状态；Mc：全混交度

关系，并引入 Simpson 多样性指数，该指数可以分辨树种空间隔离的细微差别，从而使得树种多样性混交度和物种空间状态之间从两种简单关系（定理 2）拓展到 3 种混交度之间复杂多样的关系。表明全混交度明显优于其他混交度，是描述空间结构单元的树种空间隔离程度的理想指数。

5.3.4.6 小结与讨论

（1）混交度应全面考虑树种多样性和树种空间隔离关系两个方面。现有混交度虽然考虑了对象木与最近邻木之间的树种隔离关系，但对树种多样性以及最近邻木相互之间的树种隔离关系表达不完整。全混交度增加考虑了最近邻木相互之间的树种隔离关系，并引入 Simpson 多样性指数，从而提高了对不同混交结构的识别能力，可以对空间结构单元的树种多样性和树种空间隔离关系进行准确表达。

（2）树种多样性混交度、物种空间状态和全混交度都是对简单混交度的改进。因此，各混交度既有区别又有联系。简单混交度大于等于树种多样性混交度、物种空间状态和全混交度。树种多样性混交度与物种空间状态之间呈分离的线性关系，即当空间结构单元的树种数与最近邻木的树种数相等时，树种多样性混交度≥物种空间状态，当空间结构单元的树种数与最近邻木的树种数不相等时，树种多样性混交度＜物种空间状态。全混交度、树种多样性混交度和物种空间状态之间则存在多种复杂关系。

（3）对各混交度进行理论分析和实例应用比较的结果表明：全混交度具有更高的树种隔离程度分辨能力，是较理想的混交度指数。

（4）通常，按照是否考虑林分中树木的位置，可以把林分结构多样性指标分为与距离有关和与距离无关两类（雷相东和唐守正，2002）。事实上，这恰好说明现有林分结构多样性指标对林分结构的描述具有片面性。在全混交度研究的过程中发现，仅从与距离有关的树种相互隔离关系定义混交度很难区分不同的混交结构单元，但结合与距离无关的 Simpson 多样性指数之后，问题就解决了。这一研究思路对其他类似研究具有启发性。

5.4　林木空间分布格局分析

GIS 是一种空间分析工具，基于 GIS 的空间分析功能，可以直接进行林木空间分布格局分析，无须编程计算，十分方便快捷。

聚集指数（Clark and Evans，1954）是最近邻单株距离的平均值与随机分布下的期望平均距离之比，计算公式见式（4-1）。计算聚集指数时，需要计算每株树木到其最近邻木的距离。为了找到最近邻木，则需要计算树木到所有其他树木之间的距离，然后对距离进行排序，找出最近邻木。因此，计算量非常大。事实上，GIS 软件（如 ArcGIS）的最近邻体分析工具（Near）可用于计算聚集指数。具体方法：先根据树木的坐标生成树木点图层，并用 GIS 的最近邻体分析工具计算出每株树木到最近邻木的距离；然后根据 GIS 的统计计算功能，计算出平均最近邻木距离；最后利用式（4-1）计算聚集指数，根据规则判别林木空间分布格局，并进行显著性检验。应当指出的是，在进行林木空间分布格局分析时，需要考虑边缘矫正问题。

第 6 章　常绿阔叶林的空间结构特征

6.1　引　　言

常绿阔叶林是我国亚热带地区最复杂、生产力最高、生物多样性最丰富的地带性植被类型之一，对保护环境、维持全球性碳循环平衡和维持人类持续发展都具有极重要的作用（包维楷等，2000）。分布于浙江天目山国家级自然保护区境内的常绿阔叶林是保护区重点保护的植被类型。该植被类型主要的乔木树种有青冈（*Cyclobalanopsis glauca*）、细叶青冈（*Cyclobalanopsis gracilis*）、豹皮樟（*Litsea coreana* var. *sinensis*）、枫香树（*Liquidambar formosana*）、大叶榉树（*Zelkova schneideriana*）等，灌木有毛花连蕊茶（*Camellia fraterna*）、檵木（*Loropetalum chinense*）、紫楠（*Phoebe sheareri*）、山胡椒（*Lindera glauca*）、中国绣球（*Hydrangea chinensis*）等（汤孟平等，2006）。

已有学者针对浙江天目山国家级自然保护区的常绿阔叶林的生物多样性（周重光，1996）、垂直分布带（章皖秋等，2003）以及资源数据库（王文娟和王传昌，2004）等方面开展了研究。进一步研究常绿阔叶林的空间结构，如林木空间分布格局、树木竞争和树种混交，可以阐明常绿阔叶林种群生态特性、群落形成与演替规律，为常绿阔叶林的保护、利用和恢复、重建提供理论依据。

6.2　林木空间分布格局

6.2.1　研究方法

6.2.1.1　研究数据与边缘矫正方法

研究数据采用在保护区内设置的常绿阔叶林 100m×100m 固定样地内每木精确定位调查数据。边缘矫正的方法是在样地的上、下、左、右、左上、左下、右上、右下 8 个邻域复制原样地，即平移原样地，形成 9 个样地组成的大样地。计算空间结构指数时，对象木仅包含原样地内的树木。

6.2.1.2　种群大小级划分方法

由于常绿阔叶林的青冈等树种坚硬，难于钻芯测定树龄。故本研究均采用大小级结构代替年龄结构分析种群分布格局动态。根据地径或胸径，木本植物种群大小级共划分为 5 个级别（胡小兵和于明坚，2003）。

幼苗：树高≤1.5m，地径＜1cm；

幼树：树高≤1.5m，地径≥1cm；

小树：树高＞1.5m，胸径＜5cm；

中树：树高＞1.5m，5cm≤胸径＜10cm；

大树：树高＞1.5m，胸径≥10cm。

6.2.1.3　优势种的确定方法

优势种是指对群落结构和群落环境的形成有明显控制作用的植物种。群落不同层次可以有各自的优势种（孙儒泳等，2002）。种群大小级把群落木本植物划分为 5 级后，各级的优势种就是优势树种。各级优势树种按优势度分析法确定（Ohsawa，1984；达良俊等，2004）。方法是首先计算某级每个种的相对断面面积（%），并作为优势度，按优势度从大到小排序。然后，通过计算离差（D）确定该级的优势树种数：

$$D = \frac{1}{N}\left[\sum_{i\in T}(x_i - x)^2 + \sum_{j\in U} x_j^2\right] \tag{6-1}$$

式中，x_i 为排序在前的上位种（T）的相对断面面积（%）；x 为优势树种所占的理想百分比（%）；x_j 为上位种以外的树种（U）的相对断面面积（%）；T 为按相对断面面积由大到小排序排列在最前面的树种数；U 为按相对断面积由大到小排序并去除排序在最前面的树种数之后剩余的树种数；N 为树种个数，N=T+U。如果某级只有 1 个优势树种，即 T=1，则优势树种的理想百分比为 100%；如果有 2 个优势树种，即 T=2，则它们的理想百分比为 50%；如果有 3 个优势树种，即 T=3，则它们的理想百分比为 33.3%，依此类推，分别计算 D 值。D 为最小值时的上位种数即为群落在该级的优势树种数。计算时，断面面积可以是树干基部断面面积或胸高断面面积。分级确定优势树种后，把群落在 2 个以上大小级中都是优势树种的树种作为群落乔灌层优势并去除排序种，分析其种内分布格局和种间关联关系。

6.2.1.4　空间分布格局分析方法

优势种群空间分布格局分析采用 Ripley's $K(d)$函数（见 4.2.2 节）。优势种群之间的关系可采用 Ripley's $K(d)$函数的推广应用——类间格局分析。类间格局分析可用于分析不同优势树种之间的空间关联关系。这里，类 1 和类 2 间的 $K_{12}(d)$估计值［$\hat{K}_{12}(d)$］计算公式（Lotwick and Silverman，1982）为

$$\hat{K}_{12}(d)=\frac{N_2\hat{K}_{12}^*(d)+N_1\hat{K}_{21}^*(d)}{N_1+N_2} \tag{6-2}$$

其中，

$$\hat{K}_{12}^*(d)=\frac{A}{N_1N_2}\sum_{i=1}^{N_1}\sum_{j=1}^{N_2}w_{ij}(d) \tag{6-3}$$

$$\hat{K}_{21}^*(d)=\frac{A}{N_1N_2}\sum_{i=1}^{N_1}\sum_{j=1}^{N_2}w_{ji}(d) \tag{6-4}$$

式中，N_1 和 N_2 分别是类 1 和类 2 的树木株数（株）；其他符号同式（4-18）。

对于类间分析，与式（4-19）类似，有

$$\hat{L}_{12}(d)=\sqrt{\frac{\hat{K}_{12}(d)}{\pi}}-d \tag{6-5}$$

$\hat{L}_{12}(d)=0$，表示两类之间是相互独立的；$\hat{L}_{12}(d)>0$，表示两类之间是聚集的，即正关联；$\hat{L}_{12}(d)<0$，表示两类之间是分散的，即负关联。

实际分布的 $\hat{L}(d)$ 或 $\hat{L}_{12}(d)$ 偏离 0 的 95%上下包迹线即置信区间可以采用 Monte Carlo 检验法求得（Moeur，1993；Peterson and Squiers，1995）。若实际分布的 $\hat{L}(d)$ 或 $\hat{L}_{12}(d)$ 值落在包迹线内，则符合随机分布或类间相互独立；若在上包迹线以上，则呈显著聚集分布或类间显著正关联；若在下包迹线以下，则呈显著均匀分布或类间显著负关联。本研究模拟次数均取 200 次（Moeur，1993），最大距离尺度取样地边长的一半（50m）（张金屯，1998）。

6.2.2 结果分析

6.2.2.1 优势树种

按照种群大小级划分标准，分级计算各树种的相对断面面积，并按降序排列。再根据式（6-1）确定各大小级的优势树种（表 6-1）。

表 6-1 常绿阔叶林分级优势树种

树种	大小级				
	幼苗	幼树	小树	中树	大树
毛花连蕊茶（*Camellia fraterna*）	√	√	√		
细叶青冈（*Cyclobalanopsis gracilis*）	√		√	√	√
豹皮樟（*Litsea coreana* var. *sinensis*）	√		√	√	√
青冈（*Cyclobalanopsis glauca*）			√	√	√

续表

树种	大小级				
	幼苗	幼树	小树	中树	大树
短尾柯（*Lithocarpus brevicaudatus*）				√	√
榧树（*Torreya grandis*）				√	√
檵木（*Loropetalum chinense*）				√	√
杉木（*Cunninghamia lanceolata*）					√
山合欢（*Albizia kalkora*）					√
枫香树（*Liquidambar formosana*）					√
白栎（*Quercus fabri*）					√
黄连木（*Pistacia chinensis*）					√
蓝果树（*Nyssa sinensis*）					√
大叶榉树（*Zelkova schneideriana*）					√
天目木姜子（*Litsea auriculata*）					√
优势树种数	3	1	4	6	14

注：√表示优势树种

可见，优势树种数呈现随大小级的增大而增加的趋势（幼树除外）（表 6-1）。幼苗有 3 个优势树种：毛花连蕊茶、细叶青冈、豹皮樟；幼树只有 1 个优势树种：毛花连蕊茶；小树有 4 个优势树种：毛花连蕊茶、细叶青冈、豹皮樟、青冈；中树有 6 个优势树种：细叶青冈、豹皮樟等；大树有 14 个优势树种：细叶青冈、豹皮樟、青冈等。常绿灌木毛花连蕊茶多分布于小树及以下等级中，常绿乔木细叶青冈和豹皮樟几乎在所有大小级（幼树除外）都是优势树种。说明，常绿阔叶树种在常绿阔叶林不同大小级均占优势。

统计结果显示，调查群落中，至少在 1 个大小级是优势树种的树种共 15 个。分级计算这些优势树种在各大小级的相对基部面积比例可以进一步分析它们在不同大小级的优势程度（图 6-1）。从图 6-1 中容易看出，毛花连蕊茶在幼苗和幼树的优势度都在 50%以上，占绝对优势，形成单优势树种结构特征。在小树中，毛花连蕊茶仍占较大优势。随着大小级增大，毛花连蕊茶逐渐消失，而优势树种数逐渐增加。在大树中，形成以细叶青冈、青冈、短尾柯为主，并包含多个落叶树种如枫香树、白栎、天目木姜子的多优势树种结构特征。根据年龄结构（大小级）动态可见，群落中常绿阔叶优势树种的年龄结构是稳定型，落叶优势树种天然更新困难，其年龄结构表现为衰退型。可以预见，随群落演替，常绿阔叶树种的优势将进一步增加。

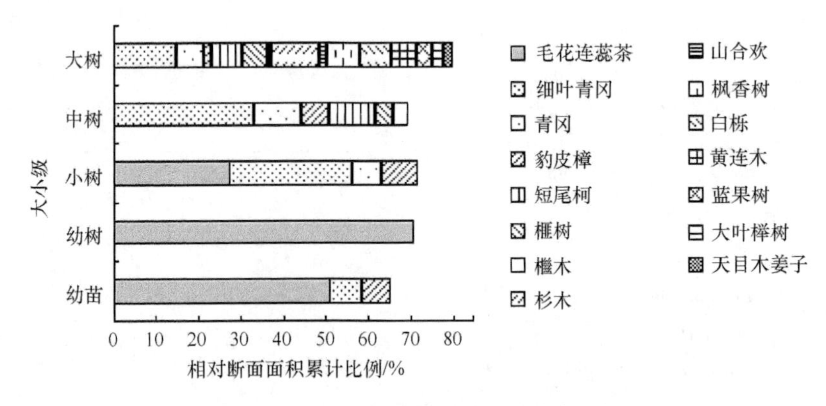

图 6-1 各大小级优势树种的优势度比较

根据表 6-1 和图 6-1 的上述分析，不存在所有大小级都占优势的树种。为此，确定在 2 个及以上大小级中均为优势树种的 5 个常绿阔叶树种：毛花连蕊茶、细叶青冈、豹皮樟、青冈、短尾柯作为群落乔灌层优势种群，分析其种内分布格局和种间关联关系。

6.2.2.2 优势树种空间分布格局及动态

在种群发育过程中，分布格局不是一成不变的，而是随时间表现出动态变化的过程（操国兴等，2003）。基于以空间大小差异代替时间变化的理论，以一次性调查结果来分析 5 个优势树种在不同发育阶段的分布格局及动态变化，如图 6-2 所示。图 6-2 中，横坐标是距离尺度（d），纵坐标是 $L(d)$估计值。毛花连蕊茶在中树和大树分别仅有 19 株和 1 株，不作分布格局分析。

毛花连蕊茶在幼苗、幼树、小树以及整个种群都呈显著聚集分布（图 6-2a），此结果与操国兴等（2003）的研究一致。表明毛花连蕊茶在种群发育过程中没有改变聚集分布格局，这主要与物种亲代的种子散布习性有关。毛花连蕊茶果实成熟时，种子散布离母树不远，子代个体主要分布在母树周围，从而使毛花连蕊茶种群表现为聚集分布。

细叶青冈在幼树的聚集程度有所降低，但总体来看，在 5 个大小级和整个种群均表现为较显著的聚集分布趋势（图 6-2b）。青冈在距离尺度小于 42m 时，所有大小级表现为显著聚集分布趋势，这一聚集分布特征与细叶青冈相似（图 6-2c）。表明，青冈与细叶青冈同属壳斗科青冈属，兼有实生和萌生两种聚集繁殖方式，在种群发育的各阶段都保持聚集分布的基本特征。但两个种群分布格局也存在差异，细叶青冈从幼苗到大树阶段，分布格局曲线出现波动，在幼树和大树阶段波动较大。这是由于群落中细叶青冈明显占优势，分布范围大，受种内、种间竞争和环境干扰影响多于青冈种群，故而引起不同阶段分布格局的波动。尤其在幼树阶段

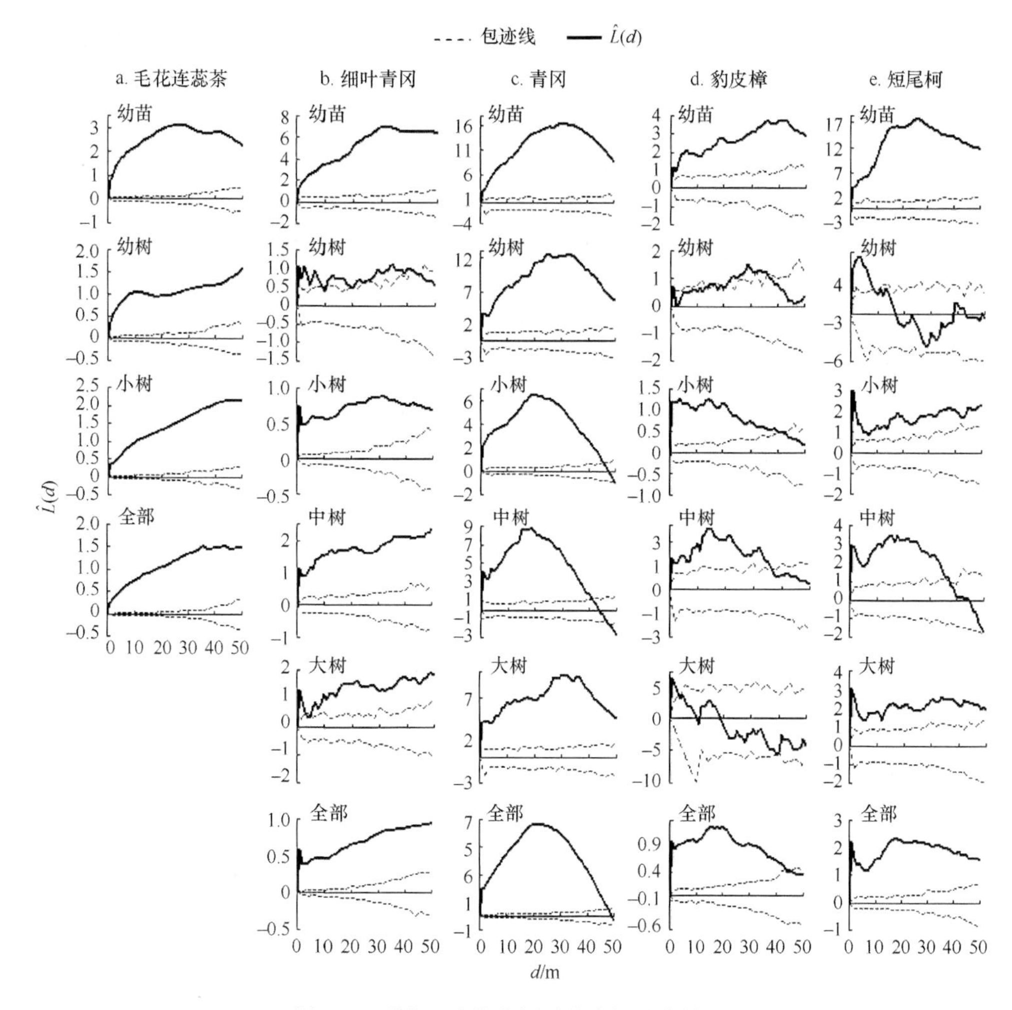

图 6-2 群落 5 个优势树种的空间分布格局

波动较大，当距离尺度大于 40m 时，细叶青冈的分布格局甚至从显著聚集分布变为随机分布。

豹皮樟的分布格局波动最大。在幼苗是显著聚集分布，在幼树以上阶段出现分布格局较大波动。幼树分布格局曲线基本跌落到随机分布的上包迹线以下，聚集趋势大为削弱。小树中大部分距离尺度（小于 43m）又恢复到显著聚集分布。中树在 37m 以下距离尺度也是聚集分布。过渡到大树时，大部分距离尺度（4m 以上）是随机分布。可见，豹皮樟在幼树时进入格局调整阶段，聚集趋势开始减弱。但种群整体分布格局主要呈显著聚集分布（距离尺度小于 43m）（图 6-2d）。

短尾柯在幼树分布格局波动较大，从距离尺度 10m 以下的聚集分布过渡到距离尺度 10m 以上的随机分布。其他大小级基本表现为显著聚集分布（中树在距离尺度 35m 以上为随机分布）。短尾柯种群整体分布格局是显著聚集分布（图 6-2e）。

相比较而言，优势度较高的毛花连蕊茶、细叶青冈和青冈，在各大小级的聚集分布趋势明显，分布格局也比较稳定，表明其分布格局取决于树种本身繁殖方式和种内竞争。豹皮樟和短尾柯在不同发育阶段的分布格局波动较大，表明这两个种随树龄增长，分布格局受种间和环境等多因素影响较大，不断调整分布格局，导致分布格局十分不稳定。但从整体来看，格局波动并未改变 5 个优势种群都呈显著聚集分布的特征，表现出优势种群与聚集分布的高度相关性。

容易看出，细叶青冈、豹皮樟、青冈、短尾柯 4 个优势树种在幼树以上大小级的分布格局曲线左侧都有一个尖峰，说明这些种在群落中存在小尺度团状分布，多个团状分布复合成更大尺度格局。细叶青冈和短尾柯的这一分布特征更明显，这种现象与这两个物种的种子较重，多落在母株周围，以及无性繁殖习性有密切关系（胡小兵和于明坚，2003）。

6.2.2.3 优势树种间关联关系

优势树种间关联关系可以反映优势树种间的空间依赖性。5 个优势树种的成对种间组合共 10 个：毛花连蕊茶和细叶青冈（A&B）、毛花连蕊茶和青冈（A&C）、毛花连蕊茶和豹皮樟（A&D）、毛花连蕊茶和短尾柯（A&E）、细叶青冈和青冈（B&C）、细叶青冈和豹皮樟（B&D）、细叶青冈和短尾柯（B&E）、青冈和豹皮樟（C&D）、青冈和短尾柯（C&E）、豹皮樟和短尾柯（D&E）。利用 Ripley's $K(d)$的类间分析对这 10 个组合的种间关联关系进行分析（图 6-3）。图 6-3 中，横坐标为距离尺度（d），纵坐标是种间 $L_{12}(d)$估计值。

有 5 个组合呈显著正关联，分别是毛花连蕊茶和细叶青冈（A&B）、毛花连蕊茶和短尾柯（A&E）、毛花连蕊茶和豹皮樟（A&D）、细叶青冈和短尾柯（B&E）、青冈和豹皮樟（C&D）。表明，灌木树种毛花连蕊茶可以与乔木树种细叶青冈、短尾柯、豹皮樟相伴生长，毛花连蕊茶有较强的空间依赖性。只有青冈和短尾柯（C&E）这 1 个种间组合在所有距离尺度都是显著负关联的，说明青冈和短尾柯是相互分离的，难以共存。细叶青冈和青冈（B&C）在小于 40m 的距离尺度是显著负关联，在大于 45m 距离尺度是显著正关联，表明细叶青冈和青冈由于生态位相近，在绝大部分距离尺度下不能共存。其余 3 个组合在不同距离尺度下有不同的种间关联性：在小尺度存在种间显著负关联，如豹皮樟和短尾柯（D&E，尺度 8～23m）、毛花连蕊茶和青冈（A&C，尺度 3～23m）；在大尺度显著正关联，如豹皮樟和短尾柯（D&E，尺度 29m 以上）、毛花连蕊茶和青冈（A&C，尺度 24m 以上）、细叶青冈和豹皮樟（B&D，尺度 21m 以上）；少数尺度关联性不显著。说明这 3 个组合没有稳定的种间关联性（图 6-3）。

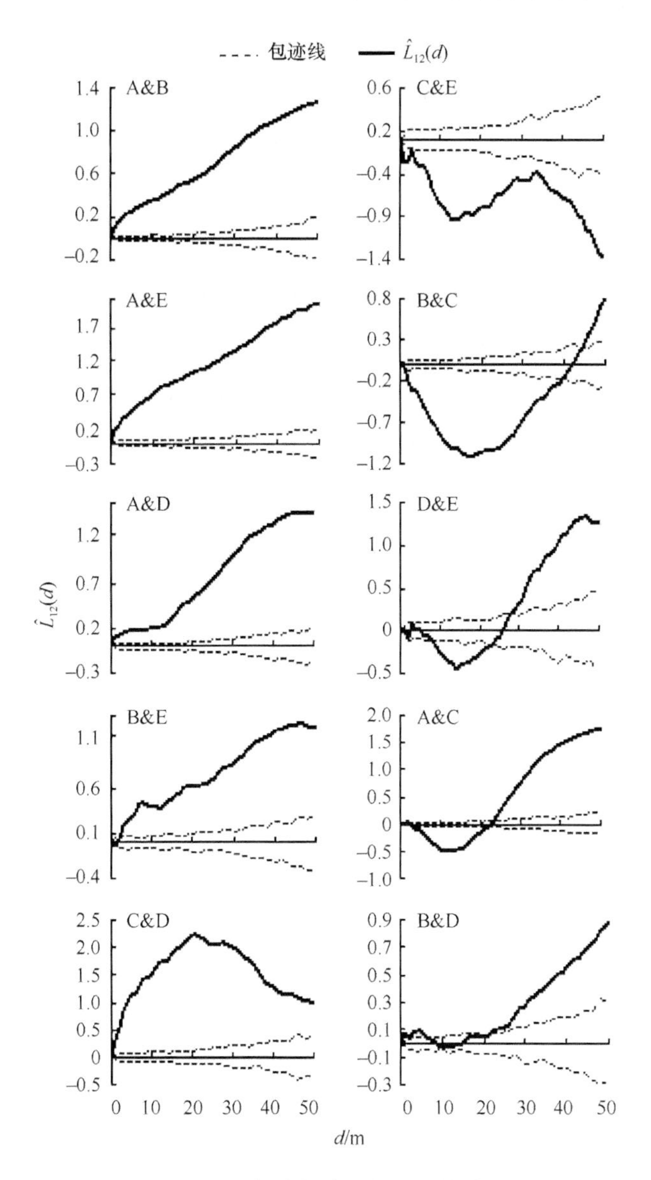

图 6-3　优势树种间的关联关系

根据以上 10 个组合种间关联关系分析可以看出，种间关联关系具有传递性。也就是说可以从已知 3 个种的 2 对种间关联关系推出第 3 对种间关联关系。例如，已知毛花连蕊茶和细叶青冈（A&B）是显著正关联，毛花连蕊茶和短尾柯（A&E）也是显著正关联，则可推出细叶青冈和短尾柯（B&E）存在显著正关联，而事实也正是如此。再如，已知毛花连蕊茶和细叶青冈（A&B）是显著正关联，细叶青冈和青冈（B&C）是显著负关联（小于 40m 尺度），则可推出毛花连蕊茶和青冈（A&C）也存在显著负关联（3～23m 尺度）。容易验证，图 6-3 中任何 3 个组合种间都存在这样的关联关系传递性。应当指出，随着种间关联关系传递次数的增加，所推导出的种间关联关系成立的距离尺度范围逐渐缩小。已知种间关联关系越显著，且距离尺度范围越宽，种间关联关系传递的稳定性也越高。

6.2.2.4 优势树种数与分布格局的关系

把每一个大小级的优势树种合并在一起，可以分析大小级、优势树种数与分布格局之间的关系（图 6-4）。结果表明，在优势树种数较少的幼苗、幼树和小树呈显著聚集分布，在优势树种数较多的中树和大树中，聚集分布尺度减小（中树）或显著性减弱（大树）。说明，随大小级的增大和优势树种数的增加，优势树种整体的聚集程度降低。这是由于随大小级的增加，树木种内竞争和稀疏加剧，使占绝对优势树种的优势度降低，而优势树种数量增加（图 6-1），优势树种分布趋向分散。这一现象与 Moeur（1993）提出的“大树趋于均匀分布的结论”基本一致。

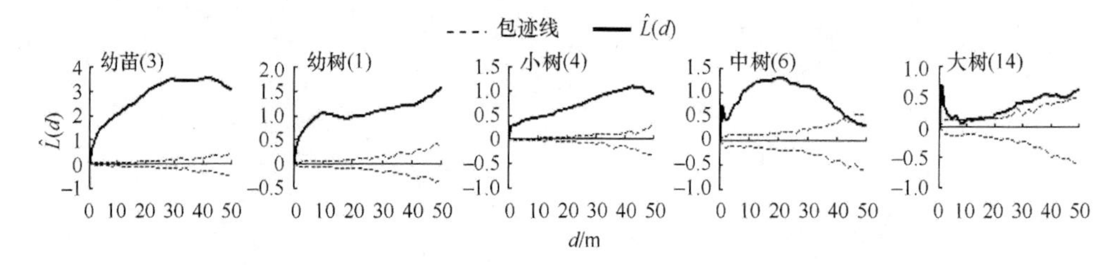

图 6-4　优势树种数与分布格局的关系

括号内的数字表示该大小级中优势树种数，如大树（14）表示大树中有 14 个优势树种

6.3 树木竞争

6.3.1 研究方法

6.3.1.1 研究数据与边缘矫正方法

研究数据与边缘矫正方法见 6.2.1.1 节。根据 8 个邻域复制原样地，形成 9 个样地组成的大样地。以大样地乔木层每株树木为生长目标，利用 GIS 的 Voronoi 图功能，生成边缘矫正和树木竞争 Voronoi 图（图 6-5）。图 6-5 中，实线矩形框是原样地边界。实线矩形框外部是边缘矫正的 8 个邻域 Voronoi 多边形（仅列出部分）。

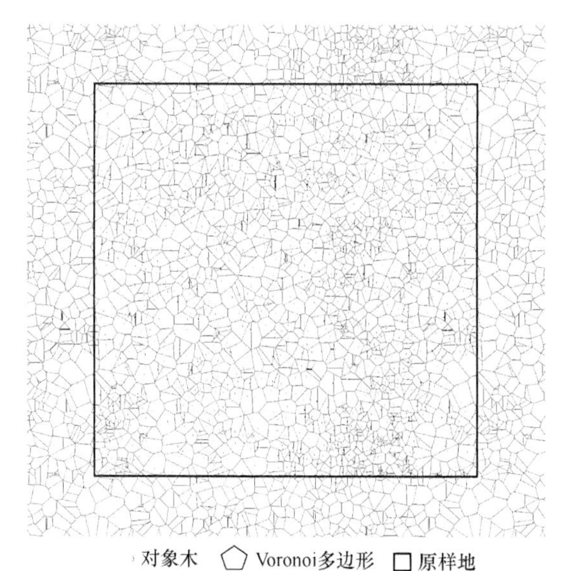

图 6-5　边缘矫正和树木竞争 Voronoi 图

图 6-5 是竞争指数分析的基础。由图 6-5 可见，树木竞争 Voronoi 图由大量 Voronoi 多边形组成，虽然从图上看十分复杂，但计算并不困难。可以基于 GIS 二次开发语言进行编程，由计算机自动完成计算。

6.3.1.2　竞争指数计算方法

为便于比较，把基于固定半径圆确定竞争单元的 Hegyi（1974）竞争指数记为 Hegyi，计算公式见表 4-1。基于 Voronoi 图确定竞争单元的 Hegyi（1974）竞争指数记为 V_Hegyi，计算公式见式（5-1）。样地内所有对象木的竞争指数均按式（5-2）计算。

为了与 Hegyi、V_Hegyi 区别，引入基于 Voronoi 多边形面积的竞争指数，记为 APA。

6.3.1.3　优势树种的确定方法

优势树种的确定方法见 6.2.1.3 节。

6.3.2　结果分析

6.3.2.1　优势树种

计算群落乔木层各树种的相对胸高断面积，并按降序排列，根据式（6-1）确定优势树种。选取群落乔木层 11 个优势树种，分别为细叶青冈（A）、青冈（B）、短尾柯（C）、豹皮樟（D）、白栎（E）、天目木姜子（F）、黄连木（G）、大叶榉树（H）、杉木（I）、枫香树（J）、黄檀（*Dalbergia hupeana*）（K）。

6.3.2.2 竞争指数比较分析

用 Hegyi、V_Hegyi、APA 分别计算各优势树种的总竞争指数（种内+种间），并进行比较分析。这里，计算 Hegyi 时，半径取 6m（图 6-6）。可见，3 种竞争指数的数量级和竞争强度排序十分接近，说明这 3 种方法可以相互替代或验证。而且，竞争强度越大的优势树种（细叶青冈、青冈、短尾柯）的这种一致性趋势越明显。表明，与 Hegyi 和 APA 相比，V_Hegyi 同样是一个有效的竞争指数。

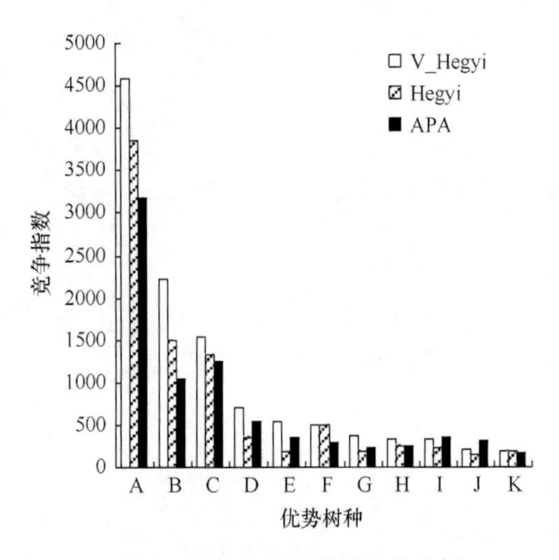

图 6-6　3 种竞争指数的比较分析

为进一步说明基于 Voronoi 图的 V_Hegyi 优于传统采用固定半径圆确定竞争单元的 Hegyi，本研究取不同的半径（2～10m），观察在不同半径下各优势树种的 Hegyi 排序变化情况（图 6-7）。图 6-7a 表示在所有给定半径下竞争指数排序保持稳定的优势树种，按竞争强度由大到小依次为细叶青冈＞青冈＞短尾柯＞豹皮樟＞白栎＞天目木姜子。这些优势树种 Hegyi 排序与 V_Hegyi 排序完全相同（图 6-6）。但其余 5 个优势树种的竞争排序因固定半径圆的半径取值不同而发生了变化。主要表现为竞争指数排序曲线出现交叉现象。杉木和黄连木较明显，在半径为 4m 或超过 4m 后，竞争排序发生改变，如图 6-7b 所示。

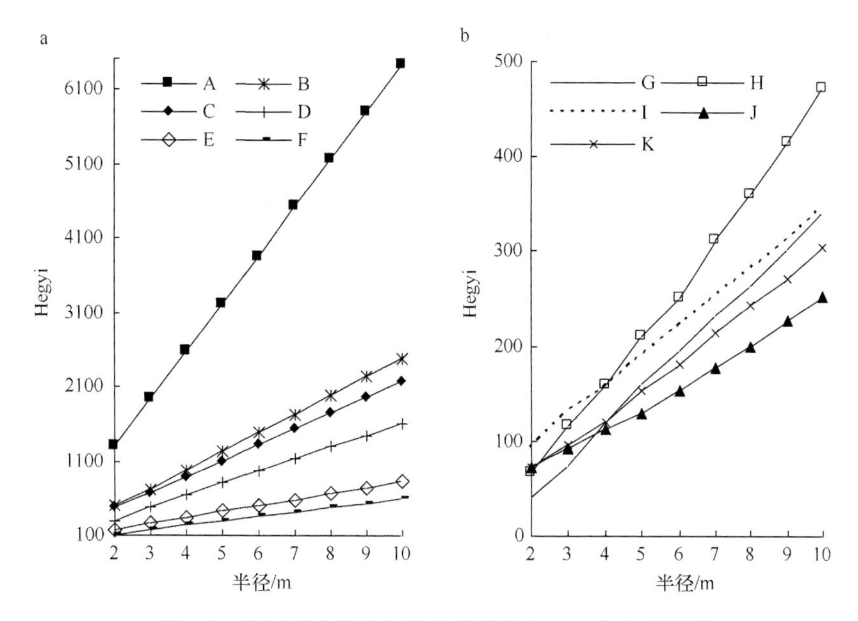

图 6-7　基于固定半径圆的优势树种 Hegyi 总竞争强度

a. 竞争排序稳定；b. 竞争排序变化

可以看出，竞争强度较大的优势树种的竞争指数排序并不因半径取值不同而改变，并且保持 Hegyi 与 V_Hegyi 排序的一致性。但是，对于竞争强度较小的优势树种，基于固定半径圆的 Hegyi 排序因半径取值的不同，竞争指数排序可能也会发生变化，导致排序结果的不稳定性。而用 V_Hegyi 排序则不存在这个问题（图 6-6）。

综上所述，V_Hegyi 对优势树种竞争强度的排序不仅与常用的 Hegyi 接近，而且可以得到唯一的排序结果。说明 V_Hegyi 是更适用的竞争指数。因此，下文采用 V_Hegyi 进行种内、种间竞争分析。

6.3.2.3　优势树种种内竞争分析

群落乔木层 11 个优势树种的种内竞争强度有较大差异（图 6-8）。根据竞争指数变化范围，可以明显地把竞争强度分为 3 级。

Ⅰ. 强度竞争：竞争指数＞2000，优势树种只有细叶青冈；

Ⅱ. 中度竞争：500＜竞争指数≤2000，优势树种包括青冈和短尾柯；

Ⅲ. 弱度竞争：竞争指数≤500，优势树种包括豹皮樟、白栎、天目木姜子、黄连木、大叶榉树、杉木、枫香树、黄檀。

常绿优势树种细叶青冈种子粒大而重，多落在母株周围。细叶青冈还具有萌生繁殖习性。也就是说，细叶青冈种群存在有性繁殖的实生和无性繁殖的萌生（克隆生长）两种形式（胡小兵和于明坚，2003），种群基本上呈集群分布格局，导致种内竞争十分激烈，属于强度竞争。青冈和短尾柯也具有类似繁殖属性，竞争强度也较高。但这两个树种的株数均约为细叶青冈株树的 1/3，竞争强度远小于细叶青冈，属于中度竞争。常绿优势树种豹皮樟和杉木，以及落叶优势树种白栎、天目木姜子、黄连木、大叶榉树、枫香树、黄檀则属于弱度竞争。优势树种的以上 3 级竞争基本决定了群落的种内竞争态势。在群落自然演替或经营过程中，为调节种内竞争，属于强度竞争和中度竞争的优势种群必然是自稀疏或择伐的主要对象。

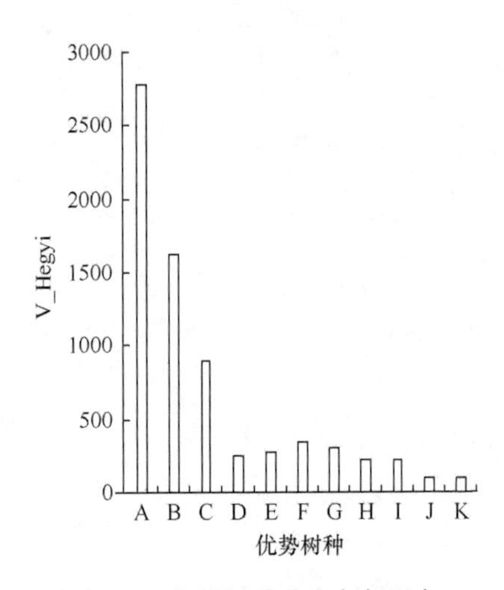

图 6-8　优势树种种内竞争强度

6.3.2.4　优势树种种间竞争分析

种间竞争是反映物种间相互关系的一个重要特征。种间竞争指数计算是以样地内某个优势树种的树木为对象木，以相邻其他优势树种的树木为竞争木。各优势树种的种间竞争强度如图 6-9 所示。图 6-9a～图 6-9k 分别表示优势树种 A～K 与相邻其他优势树种的竞争关系。

容易看出，11 个优势树种的种间竞争强度远小于种内竞争强度（图 6-8，图 6-9）。这一结果进一步证实：常绿阔叶林优势种群的种内竞争比种间竞争激烈（金则新，1997；张思玉和郑世群，2001）。

通过分析不同优势树种之间的竞争强度可知，种间竞争表现出 3 个明显的特点。

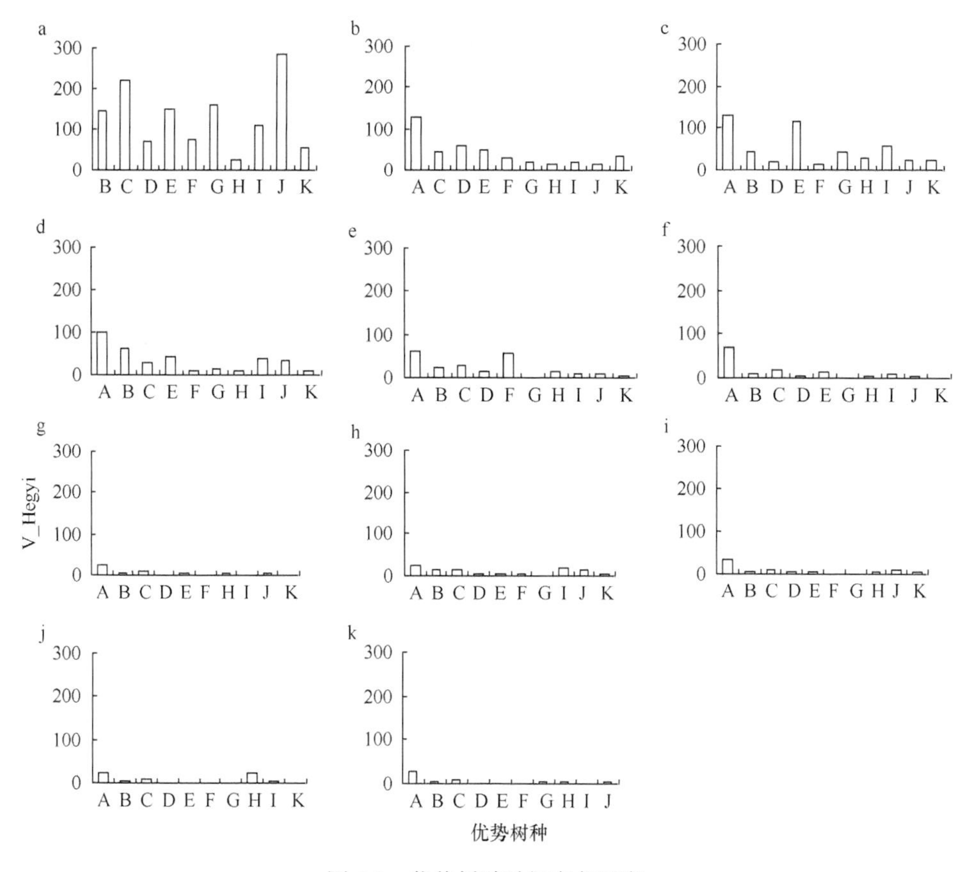

图 6-9　优势树种种间竞争强度

第一，种内竞争激烈的优势树种细叶青冈（图 6-8 中 A）、青冈（图 6-8 中 B）和短尾柯（图 6-8 中 C）与其他优势树种都存在种间竞争，且种间竞争强度比较大，如图 6-9a～c。种内竞争较弱的优势树种豹皮樟、白栎、天目木姜子、黄连木、大叶榉树、杉木、枫香树、黄檀与其他优势树种的竞争也比较弱，如图 6-9d～k 所示。这些优势树种与许多优势树种甚至不存在竞争，见图 6-9e～k。表明，群落中种内竞争激烈的优势树种与其他优势树种的种间竞争也相对比较激烈；反之亦然。这是因为壳斗科的优势树种更新繁殖能力强，个体数多，种内、种间相遇的概率大，不仅种内竞争激烈，而且种间竞争也相对较强。其他优势树种，更新能力弱，株数少，无论种内竞争还是种间竞争都较弱。

第二，多数优势树种存在 1 个主要竞争树种，如青冈（图 6-9b）、豹皮樟（图 6-9d）、天目木姜子（图 6-9f）、黄连木（图 6-9g）、杉木（图 6-9i）、黄檀（图 6-9k）。少数优势树种存在 2 个主要竞争树种，如短尾柯（图 6-9c）、白栎（图 6-9e）、大叶榉树（图 6-9h）、枫香树（图 6-9j）。存在 3 个以上主要竞争树种的优势树种只有细叶青冈（图 6-9a）。

第三，细叶青冈是其他各优势树种最大的竞争树种，见图 6-9b～k。表明，细叶青冈作为群落最占优势的树种，不仅具有最激烈的种内竞争（图 6-8），而且还具有来自所有其他优势树种的最大竞争压力。

6.4 树种混交

6.4.1 研究方法

树种混交采用混交度分析方法。样地调查、优势树种的确定和边缘矫正同 6.3.1 节。混交度计算采用 n=4 的简单混交度（惠刚盈和胡艳波，2001）和基于 Voronoi 图的混交度，并进行比较分析。根据 Voronoi 图的特征，每个 Voronoi 多边形内仅包含 1 株树木。对象木所在 Voronoi 多边形的相邻 Voronoi 多边形内的树木就是最近邻木。显然，在一个空间结构单元，对象木的最近邻木株数与相邻 Voronoi 多边形的个数相等。为便于区别，把取 n=4 的简单混交度（von Gadow and Füldner，1992；惠刚盈和胡艳波，2001；惠刚盈等，2007）记为 M，把基于 Voronoi 图的混交度记为 M_V，计算公式分别见式（4-30）和式（5-3）。此外，还要分别计算林分的平均混交度。

6.4.2 结果分析

6.4.2.1 M_V 与 M 的关系

利用调查的各对象木的 M_V 和 M 绘制散点图，并拟合关系曲线（图 6-10）。由图 6-10 可知，M_V 和 M 有较高的相关性，说明采用 M_V 和 M 描述物种相互隔离程度具有一致性，均为有效混交度指数。但 M 只有 5 种可能取值 0、0.25、0.5、0.75、1，难以描述复杂多样的种间隔离关系，这是 n=4 的限定性条件决定的。而 M_V 并不固定 n 的取值，n 是基于 Voronoi 图，根据每株对象木周围最近邻木的实际情况确定的。这里，基于 Voronoi 图确定 n 的取值为 3～13，共有 11 种可能取值，多数取值为 5、6 和 7，平均取值为 6（图 6-11）。

6.4.2.2 物种数和混交度与胸径的关系

图 6-12 显示常绿阔叶林群落物种数与胸径的关系。胸径（单位：cm）为[5, 20)的物种数量最多，达 66 种；胸径为[20, 35)的物种有 32 种；胸径为[35, 50)的物种有 29 种；胸径在 50cm 及以上的物种仅 3 种。可见，群落物种数随着胸径的增大而减少，物种在空间的分布存在明显大小分层现象。

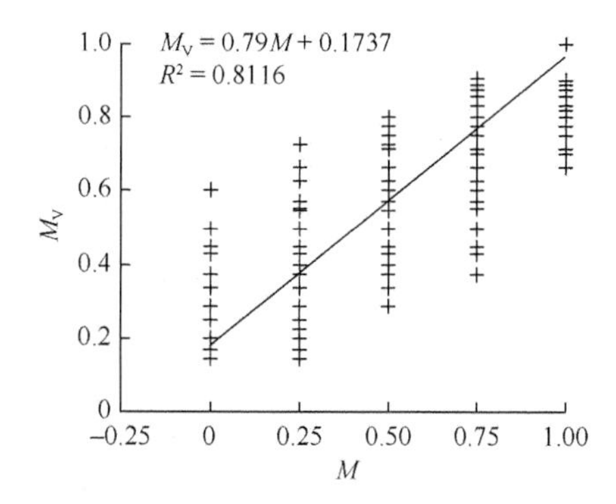

图 6-10　混交度 M 与 M_V 的关系

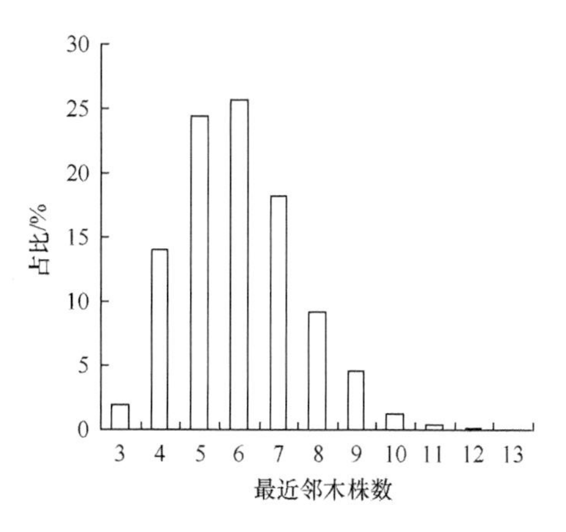

图 6-11　对象木的最近邻木株数分布

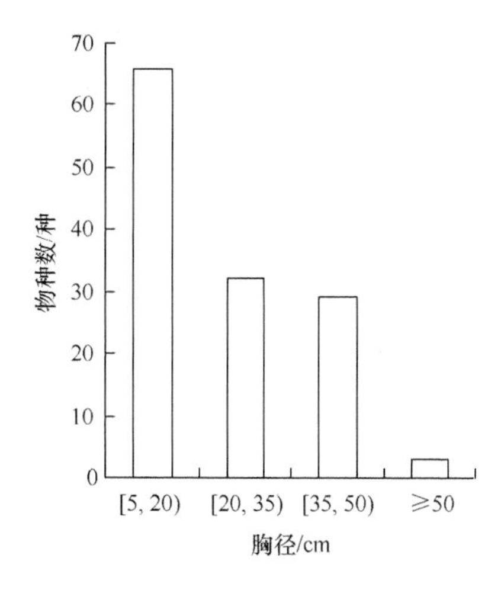

图 6-12　常绿阔叶林群落物种数与胸径的关系

混交度与胸径的关系和物种数与胸径的关系相反。图 6-13a 和图 6-13b 是根据调查样地每株树木的胸径分别与 M 和 M_V 绘制的散点图。可见，M 的取值只有 5 种，而 M_V 有多种，可以更准确地描述种间隔离关系。但二者与胸径的关系有共同的趋势。当胸径小于 20cm 时，M 和 M_V 有从 0～1 的所有可能取值。当胸径大于 20cm 后，混交度有增大趋势。当胸径大于 50cm 后，混交度都等于 1。总体来看，随胸径的增大，混交度有增大趋势。

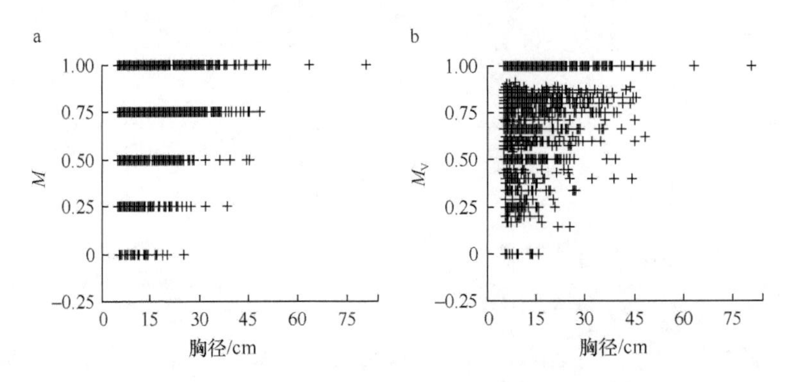

图 6-13 常绿阔叶林群落混交度与胸径的关系

事实上，Moeur（1993）早已研究证实，在群落中大树呈均匀分布，小树呈聚集分布。由于均匀分布的大树降低了同种接触的可能性，从而提高了大树的混交度。小树的混交度则取决于种群繁殖方式的多样性和种间关系的复杂性，因而存在不同物种相互隔离的关系，表现为混交度的取值范围较宽。

6.4.2.3 优势种群混交度比较

各优势种群混交度的比较如图 6-14 所示。从 M 和 M_V 的比较来看，二者趋势十分接近。但 M 一般都小于 M_V（杉木和枫香树除外）。说明 M 往往低估了树种相互隔离程度。而且 M 的变动幅度也往往大于 M_V，这是因为 M 只有 5 种取值，没有中间状态，导致 M 变动较大。

样地平均混交度 $\bar{M}$=0.7207、$\bar{M}_V$=0.7431（图 6-14 中 P），表明，总体上，浙江天目山国家级自然保护区常绿阔叶林的混交度较大，不同树种之间的相互隔离程度较高。除细叶青冈、青冈和短尾柯外，其他各优势种群的混交度都大于样地平均混交度，说明这些优势种群不仅胸高断面积占优势，而且树种之间相互隔离程度也较高。而细叶青冈、青冈和短尾柯的混交度小于样地平均混交度，主要是因为这 3 个树种均为壳斗科植物，具有实生和萌生两种聚集繁殖方式（胡小兵和于明坚，2003），从而降低了物种相互隔离程度。

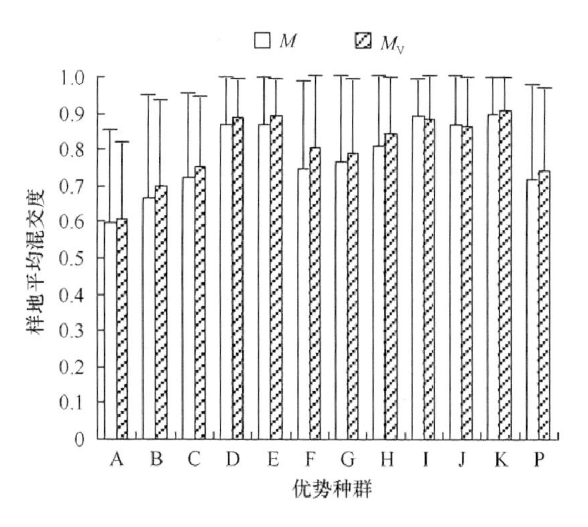

图 6-14　优势种群混交度的比较

P 代表样地，样地的混交度采用的是样地平均混交度

6.4.2.4　优势种群与非优势种群混交度的比较

尽管优势种群和非优势种群的平均混交度都比较高，均大于 0.7。但优势种群比非优势种群的平均混交度略低（图 6-15）。原因是在优势种群中，丛生性较强、混交度偏低的细叶青冈、青冈和短尾柯 3 个种群的株数占到了优势种群总株数的 67.65%，占整个群落总株数的 52.71%，导致常绿阔叶林群落优势种群的种间隔离程度低于非优势种群。同样可见，无论优势种群还是非优势种群，与 M_V 相比，M 低估了树种相互隔离程度。

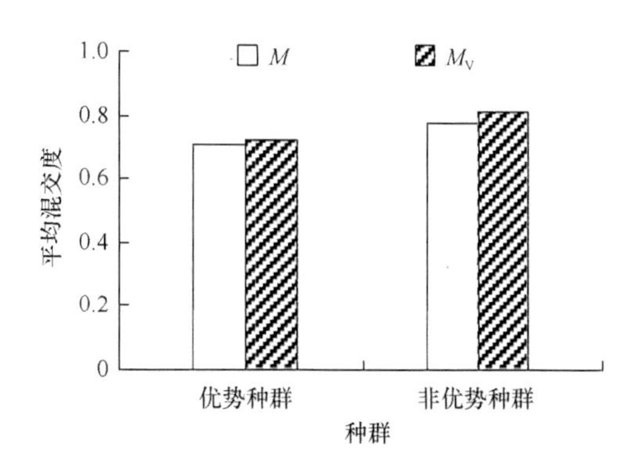

图 6-15　优势种群与非优势种群混交度的比较

6.4.2.5　常绿种群与非常绿种群混交度的比较

常绿种群是常绿阔叶林的标志性成分，对群落物种结构有重要影响。图 6-16 显示，常绿种群与非常绿种群的混交度都比较高，但常绿种群比非常绿种群的平

均混交度略低。这同样是由于在整个群落中占优势的常绿树种细叶青冈、青冈和短尾柯等具有聚集分布现象（汤孟平等，2006），从而增大了相邻木为同种的可能性，导致常绿种群的混交度低于非常绿种群的混交度。也可以看出，不管是常绿种群还是非常绿种群，M 都小于 M_V。

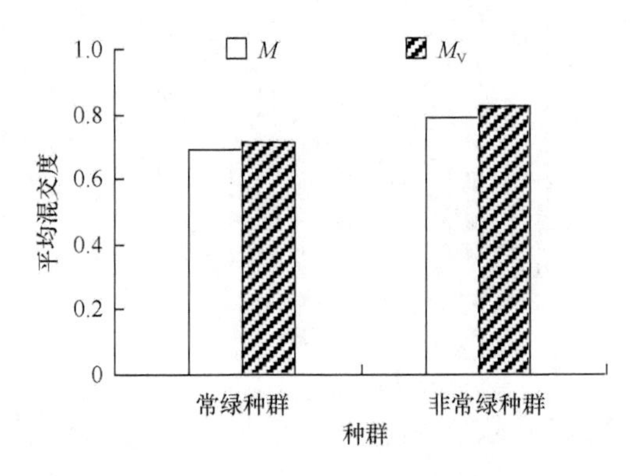

图 6-16　常绿种群与非常绿种群混交度的比较

6.5　小　　结

采用 Ripley's $K(d)$函数分析浙江天目山国家级自然保护区常绿阔叶林优势种群空间分布格局和种间关联关系。结果表明，常绿阔叶林的优势树种数随大小级的增大而增加（幼树除外），但优势树种整体的聚集程度却降低。常绿阔叶树种是浙江天目山国家级自然保护区常绿阔叶林群落的主要优势树种，优势树种均呈显著聚集分布，多数优势树种间有较强的种间关联性。

常绿阔叶林优势树种的种内竞争比种间竞争激烈。种内竞争激烈的优势树种与其他优势树种的种间竞争强度也大，这些树种包括细叶青冈、青冈和短尾柯。反之，种内竞争、种间竞争都较弱的优势树种包括豹皮樟、白栎、天目木姜子、黄连木、大叶榉树、杉木、枫香树和黄檀。多数优势树种存在 1 个主要竞争树种，很少有超过 3 个的情形。细叶青冈是该群落中最占优势的树种，具有最激烈的种内竞争。同时，也是所有其他优势树种的主要竞争者。这些结果对于天目山常绿阔叶林的恢复与重建有一定的参考意义。

常绿阔叶林群落的平均混交度 $\bar{M}=0.7207$、$\bar{M}_V=0.7431$，表明该群落不同树种之间的相互隔离程度较高。群落多数优势种群（豹皮樟、白栎、天目木姜子、黄连木、大叶榉树、杉木、枫香树和黄檀）的混交度都大于群落平均混交度，少数优势种群（细叶青冈、青冈和短尾柯）的混交度小于群落平均混交度。尽管常绿阔叶林的优势种群和常绿种群的平均混交度都比较大，均大于 0.7。但由于具有聚集繁殖方式的壳斗科植物细叶青冈、青冈和短尾柯既是优势种群又是常绿种群，导致优势种群的平均混交度低于非优势种群的平均混交度，常绿种群的平均混交度低于非常绿种群的平均混交度。

壳斗科植物的聚集繁殖方式在形成常绿阔叶林群落空间结构中具有重要作用。这种繁殖方式不仅加剧了青冈等常绿优势种群的种内竞争，而且还降低了种群的相互隔离程度。也正是这种繁殖方式使青冈等常绿树种在常绿阔叶林中确立了牢固的优势地位，对群落演替产生重要影响。因此，在常绿阔叶林经营或植被恢复与重建过程中，既不能忽视种群的生物学特性，盲目追求混交度等于 1 的最高混交状态，也不能忽视种间关系，任种群自由繁殖和发展。以常绿优势种群为关键切入点，进一步研究常绿阔叶林种群繁殖与调控机制是构建常绿阔叶林群落理想空间结构的基本前提。

第7章　近自然毛竹林的空间结构特征

7.1 引　　言

毛竹（*Phyllostachys edulis*）是我国竹类资源中分布广，面积最大，集经济效益、生态效益和社会效益于一体的优良竹种（郑郁善和洪伟，1998；陈双林等，2001）。因此，提高毛竹林产量一直是研究的焦点，学者们提出了毛竹林高产的年龄结构、立竹度以及松土和施肥等措施（聂道平等，1995；郑郁善和洪伟，1998；顾小平等，2004）。毛竹林的年龄结构和立竹度是与毛竹空间位置无关的非空间结构，松土和施肥则属于人为干扰措施。这些研究忽视了另一个提高毛竹林产量的潜在途径，即毛竹林空间结构。所谓毛竹林空间结构就是毛竹个体之间的相互关系，包括毛竹空间分布格局、竞争和年龄隔离度等（汤孟平，2010）。因为森林空间结构是森林生长的驱动因子，对森林未来的发展具有决定性作用（Pretzsch，1997）。近年来针对乔木林空间结构的研究日益增多（Pommerening，2002；Aguirre *et al.*，2003；惠刚盈等，2008；汤孟平，2010），但对毛竹林空间结构的研究却比较少（黄丽霞等，2008）。

近自然毛竹林的生长受到立地条件、气候和光照等多种因素的影响。由于毛竹生长过程中对养分、水分和生长空间等资源的竞争能力不同，使个体之间产生差异，从而形成复杂的林分结构，如生长状态多样性、年龄结构和分布格局等。研究近自然毛竹林的空间结构特征可以揭示毛竹林结构形成的自然规律。

浙江天目山国家级自然保护区内的近自然毛竹林作为一种特殊的森林类型镶嵌于其他森林类型之间，多分布在海拔350～900m，其林下植被稀少，主要种类有豹皮樟、毛花连蕊茶、细叶青冈、微毛柃（*Eurya hebeclados*）和短尾柯等。由于近自然毛竹林的蔓延对其他森林类型构成了威胁，造成生物多样性减少，因此被列为控制发展对象（杨淑贞等，2008）。然而，限制毛竹林的发展并不意味着人为彻底清除近自然毛竹林。在日本，近自然毛竹林不仅是一种可持续的资源，而且被作为天然林加以研究和管理（Obataya *et al.*，2007）。

在浙江天目山国家级自然保护区内，本研究选择少受人为干扰的近自然毛竹林，研究其空间结构及空间结构与生物量的关系。采用大型固定标准地相邻网格调查方法，用全站仪测量每株毛竹的精确定位。并基于GIS的Voronoi图空间分析功能确定空间结构单元（汤孟平等，2007a，2009）。选择聚集指数、年龄隔离度、竞争指数和对象竹的最近邻竹株数 4 个空间结构指数，并运用主成分分析对近自然毛竹林的空间结构与生物量的关系进行分析，旨在揭示毛竹林高产的空间结构特征，为优化调控毛竹林空间结构提供依据。

7.2　研 究 方 法

7.2.1　固定标准地调查方法

2009 年，在浙江天目山国家级自然保护区内，选择典型的近自然毛竹林，设置 100m×100m 的固定标准地，固定标准地中心海拔 840m，主坡向为南偏东 30°。采用相邻网格调查方法，把固定标准地划分为 100 个 10m×10m 的调查单元。在每个调查单元内，对胸径（DBH）≥5cm 的毛竹进行每木调查。用南方 NTS355 型全站仪测定每株毛竹基部三维坐标，同时测定毛竹胸径、竹高、枝下高、冠幅、年龄、生长状态等因子。固定标准地的三维地形图和毛竹分布图分别如图 7-1 和图 7-2 所示。

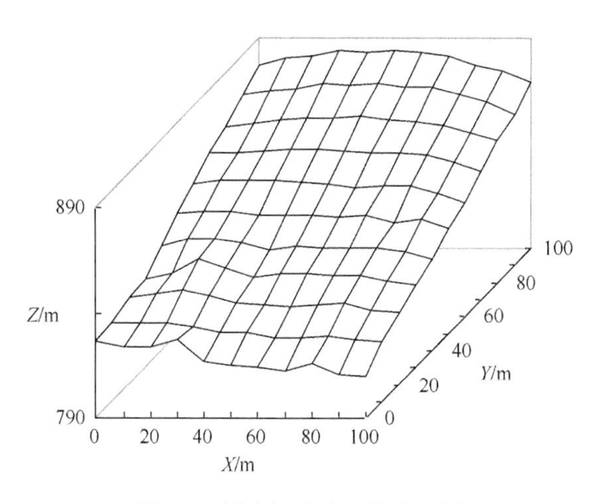

图 7-1　固定标准地三维地形图

7.2.2　毛竹林生长状态分级方法

毛竹林的生长状态可用单株毛竹生长状态进行分析。单株毛竹生长状态可采用 3 级分类。一级分类把毛竹分为活竹和死竹。二级分类把活竹分为完整和受损，死竹分为枯立和受损。三级分类把完整活竹分为直立和弯曲，受损活竹分为倒伏、破裂、折断和多损；枯立死竹和受损死竹也作相同的三级分类。其中，多损指毛竹受到两种或两种以上损伤。以下毛竹林空间结构和生物量分析是针对活竹的分析。

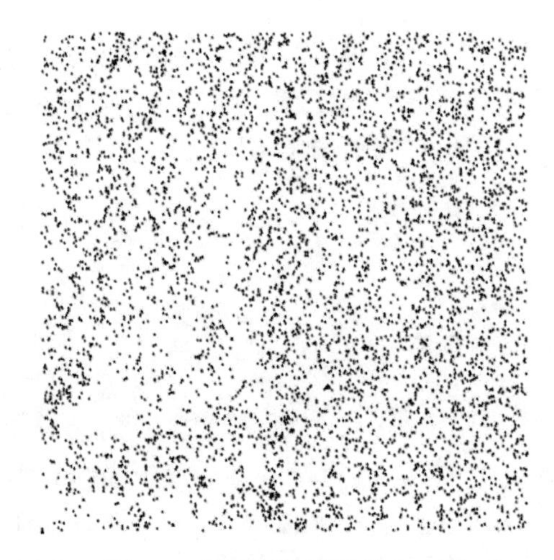

图 7-2　固定标准地毛竹分布图

7.2.3　空间结构单元及其边缘矫正方法

空间结构单元是森林空间结构分析的基本单位，它由对象竹和最近邻竹组成。对象竹是样地内任意一株毛竹。基于 GIS 的 Voronoi 图分析功能，以对象竹为中心的 Voronoi 多边形的相邻 Voronoi 多边形内的毛竹是最近邻竹（汤孟平等，2007a）。根据 Voronoi 图的特点，每个 Voronoi 多边形内仅包含 1 株毛竹。对象竹的最近邻竹株数与相邻 Voronoi 多边形的个数相等。

计算空间结构指数时，处在固定标准地边缘的对象竹，其最近邻竹可能位于固定标准地之外。为消除边缘的影响，采用缓冲区方法进行边缘矫正，即由固定标准地的每条边向固定标准地内部的水平距离 10m 范围作为缓冲区。在固定标准地中，缓冲区外的部分称为矫正样地，矫正样地大小为 80m×80m。计算空间结构指数时，矫正样地内的毛竹都是对象竹。

7.2.4　空间结构分析方法

聚集指数是 Clark 和 Evans（1954）提出的检验种群空间分布格局的常用指数，它被定义为最近邻单株距离的平均值与随机分布下的期望平均距离之比。因此，对象竹的聚集指数计算公式为

$$R_i = \frac{r_i}{\frac{1}{2}\sqrt{\frac{F}{N}}} \tag{7-1}$$

式中，R_i 为对象竹 i 的聚集指数；r_i 为对象竹 i 到其最近邻竹的距离（m）；F 为矫

正样地的面积（m^2）；N 为矫正样地内对象竹的总株数。空间分布格局判别规则：$R_i>1$，呈均匀分布；$R_i<1$，呈聚集分布；$R_i=1$，呈随机分布。

采用 Hegyi（1974）竞争指数计算各对象竹的竞争指数，计算公式见式（5-1）。公式中，只需把对象木和竞争木分别看成对象竹和竞争竹即可。

为描述森林群落中树种空间隔离程度，von Gadow 和 Füldner（1992）提出混交度的概念。混交度被定义为对象木的最近邻木中，与对象木不属同种的个体所占的比例。但毛竹与乔木树种是生物学特性不同的植物，混交度并不能直接应用于研究毛竹林的物种隔离程度。然而，毛竹林的年龄结构是其重要结构之一（郑郁善和洪伟，1998）。把毛竹林的不同年龄视为不同种，混交度便可用于描述毛竹林的年龄隔离程度（以下简称：年龄隔离度）。对象竹的年龄隔离度计算公式为

$$M_i=\sum_{j=1}^{n_i}\frac{v_{ij}}{n_i} \tag{7-2}$$

式中，M_i 为对象竹 i 的年龄隔离度，$0\leqslant M_i\leqslant 1$；$v_{ij}$ 为离散变量，当对象竹 i 与最近邻竹 j 年龄不相同时，$v_{ij}=1$，反之，$v_{ij}=0$；n_i 为基于 Voronoi 图的对象竹 i 的最近邻竹株数。

7.2.5　毛竹林生物量计算方法

毛竹林生物量不仅是反映林地生产力的指标，还是度量生态功能（如碳贮量）的重要因子（漆良华等，2009）。毛竹林生物量可以通过单株毛竹生物量来推算。单株毛竹生物量计算公式（周国模，2006）为

$$Y_i=747.787d_i^{2.771}\left(\frac{0.148A_i}{0.028+A_i}\right)^{5.555}+3.772 \tag{7-3}$$

式中，Y_i 为对象竹 i 的生物量（kg）；d_i 为对象竹 i 的胸径（cm）；A_i 为对象竹 i 的年龄（度）。

由于式（7-3）没有考虑单株毛竹占地面积，所以不能充分反映林地生产力，计算结果不便于分析毛竹生物量与空间结构的关系。为此，可以利用 GIS 的 Voronoi 图分析功能，获取每株对象竹的竞争生存面积（即对象竹所在的 Voronoi 多边形的面积）（Brown，1965），再结合式（7-3）计算单株毛竹单位面积生物量。计算公式为

$$Y_i=\frac{10}{F_i}\times\left[747.787d_i^{2.771}\left(\frac{0.148A_i}{0.028+A_i}\right)^{5.555}+3.772\right] \tag{7-4}$$

式中，Y_i 为对象竹 i 的单位面积生物量（t/hm^2）；d_i 为对象竹 i 的胸径（cm）；A_i 为对象竹 i 的年龄（度）；F_i 为对象竹 i 所在的 Voronoi 多边形的面积（m^2）。

7.2.6 主成分分析方法

用主成分分析方法可以确定影响毛竹林生长和生物量的主要空间结构指数。分析方法与步骤：首先，对空间结构指数进行标准化；其次，用标准化的空间结构指数进行主成分分析，求出相关系数矩阵的特征值、特征向量，确定各个主成分；最后，对各个主成分进行解释，并对空间结构因子的重要性进行排序。主成分分析的具体计算与分析方法参见文献唐守正（1986）、高惠璇（2005）、张文辉等（2008）、王小红等（2009）。

7.3 结 果 分 析

7.3.1 毛竹林生长状态分析

近自然毛竹林由于受人为干扰少，林内保持着各种自然状态的毛竹。根据固定标准地调查统计的毛竹总株数对毛竹生长状态进行三级分类与分析。

一级分类中，活竹占 84.18%，死竹占 15.82%，表明近自然毛竹林中活竹占优势的情况下，死竹也占一定比例。大量死竹不仅可以为其他生物提供栖息地，其残体也可以作为养分归还土壤，进入生态系统的生物地球化学循环（图 7-3a）。

二级分类活竹中，保存完整的活竹占绝对优势，比例高达 96.92%，受损活竹仅占 3.08%。死竹中，以受损死竹居多，占固定样地死竹总株数的 71.87%，未受损死竹较少，占固定样地死竹总株数的 28.13%（图 7-3b）。说明，从数量上占绝对优势的活竹基本保存完好，能正常生长，较少受到损伤。而多数死竹往往伴随倒伏、破裂和折断等多种损伤，竹子死亡后能保持形态完整的比例较小。

三级分类，活竹很少有直立的，弯曲的活竹占完整活竹的比例高达 96.63%（图 7-3c），这一现象与 2008 年的冰雪灾害有直接关系，同时也与自然保护区内长期禁止毛竹钩梢等经营活动密切相关。此外，倒伏和折断是活竹受损的主要原因，共占固定样地受损活竹的 98.22%。死竹则具有各种形态特征，在完整死竹中，直立死竹比例最高，为 70.69%，弯曲死竹占 29.31%；在受损死竹中，以折断占比最高，达 67.21%，其次是倒伏，占 20.92%，再次是同时受多种（两种以上）损伤，占 11.34%。可见，无论是活竹还是死竹，折断和倒伏是毛竹受损的主要因素。典型的近自然毛竹林的林相通常呈现密集的弯曲活竹与大量折断、倒伏死竹交错排列的景象。

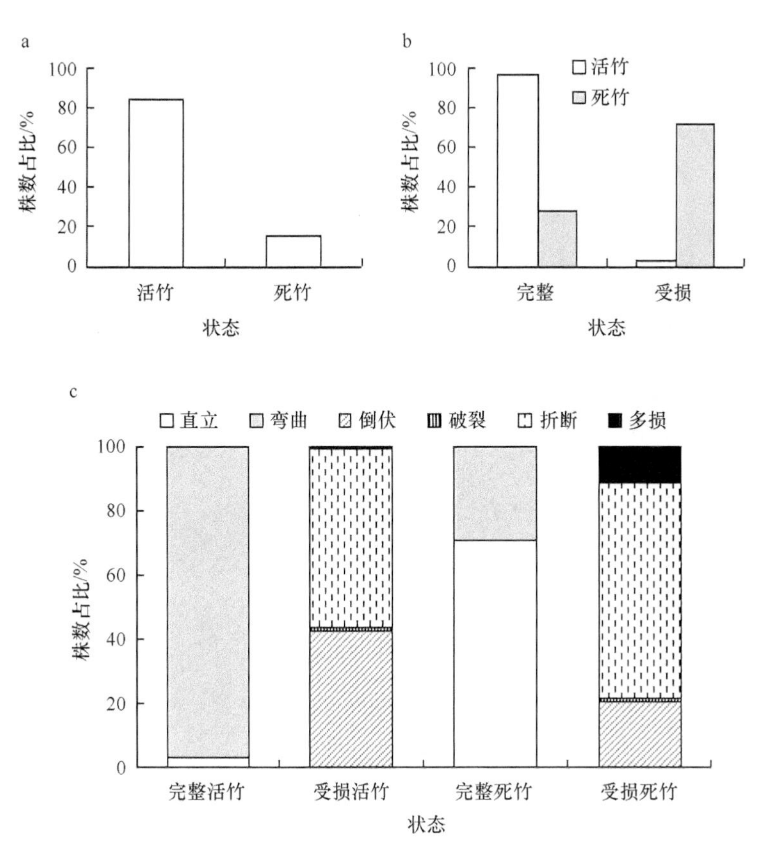

图 7-3　近自然毛竹生长状态与株数分布

a. 一级分类； b. 二级分类；c. 三级分类

7.3.2　毛竹林年龄结构特征

由于死竹的年龄难以识别，这里主要分析活竹的年龄结构特征。近自然毛竹林的年龄结构有以下几个特征：①年龄分布范围较宽，1～14 年，平均 8 年；②各年龄毛竹株数分布不均匀，波动较大，株数较多的是 6 年竹和 12 年竹，较少的是 1 年竹和 14 年竹；③株数按年龄分布存在周期现象，小周期是 2 年，大周期是 6 年（图 7-4）。

7.3.3　对象竹的最近邻竹株数与生物量的关系

在对象竹周围的毛竹中，最近邻竹对对象竹的生长有最直接的影响。基于 Voronoi 图可以确定每株对象竹的最近邻竹株数。结果表明，对象竹的最近邻竹株数为 3～11，有 9 种可能取值，多数为 5、6 和 7，平均 6（图 7-5）。这个结果与

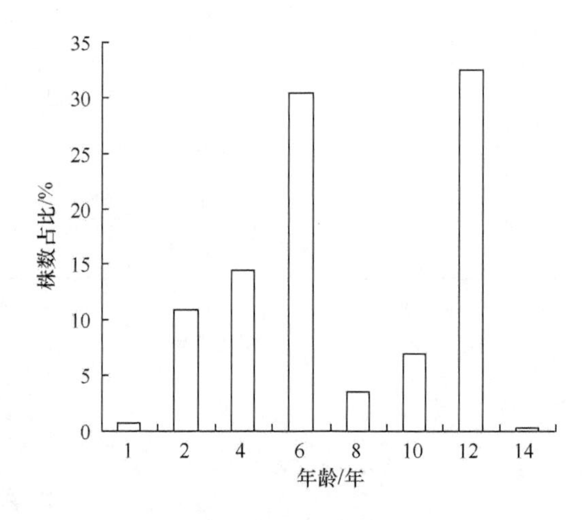

图 7-4 近自然毛竹林的年龄结构

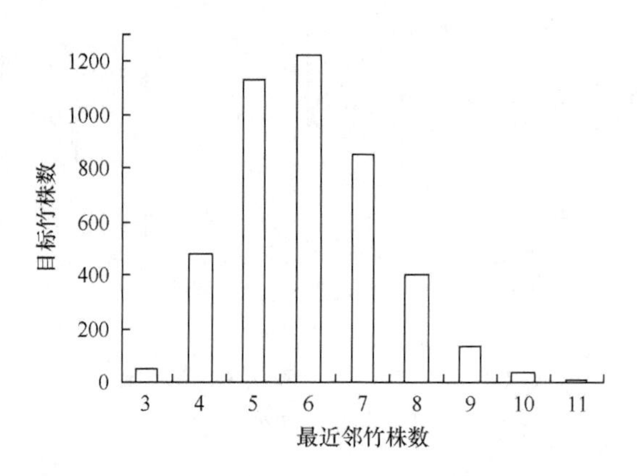

图 7-5 基于 Voronoi 图的对象竹最近邻竹株数分布

浙江天目山国家级自然保护区常绿阔叶林混交度的研究结果基本一致（汤孟平等，2009），见 6.4.2.1 节。说明，不同类型的森林存在相似的空间结构特征。

最近邻竹株数与毛竹林生物量存在较高的相关性。根据每株对象竹的最近邻竹株数与单位面积生物量绘制散点图（图 7-6）。可以看出，随着最近邻竹株数的增加，毛竹林单位面积生物量降低。毛竹林单位面积生物量可分为 3 级：

Ⅰ级为高产，单位面积生物量＞1200t/hm^2；

Ⅱ级为中产，600t/hm^2＜单位面积生物量≤1200t/hm^2；

Ⅲ级为低产，单位面积生物量≤600t/hm^2。

对象竹最近邻竹株数为 3 或 4 时，出现Ⅰ级高产的可能性最大。对象竹的最近邻竹株数为 5、6 或 7 时，单位面积生物量基本不超过Ⅱ级中产水平。当对象竹的最近邻竹株数≥8 时，单位面积生物量完全属于Ⅲ级低产水平。值得注意的是，当最近邻竹株数为 4 时，单位面积生物量最有可能达到高产水平。因此，在毛竹林经营中，每株毛竹周围保持 4 株最近邻竹时，最有可能获得较高生物量。但当前毛竹林的平均最近邻竹株数是 6 株。说明，该毛竹林通过空间结构调控提高生产力的潜力较大。

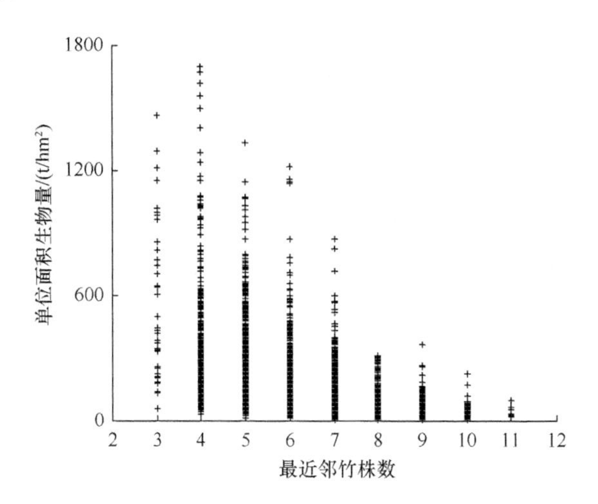

图 7-6　对象竹最近邻竹株数与单位面积生物量的关系

7.3.4　竞争指数与生物量的关系

竞争指数可以反映最近邻竹对对象竹生长产生的竞争压力。根据每株对象竹的竞争指数与单位面积生物量绘制散点图（图 7-7）。可见，随着竞争指数的增加，

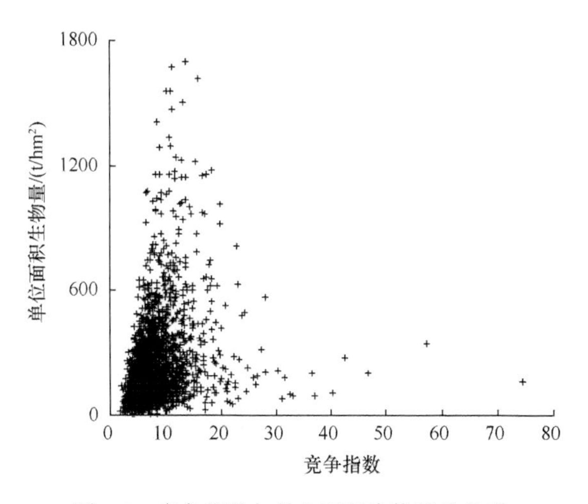

图 7-7　竞争指数与单位面积生物量的关系

单位面积生物量总体上呈下降趋势，生物量达到高产（Ⅰ级）水平的竞争指数为8～20。表明，对象竹处于较高竞争压力时，难以实现高产。而过低的竞争压力（竞争指数<5）也不会达到高产。因此，毛竹林应当维持在适当低强度竞争状态，才有可能提高生物量。

7.3.5 年龄隔离度与生物量的关系

年龄隔离度可以描述相邻毛竹的年龄差异及年龄差异与生物量的关系。根据每株对象竹的年龄隔离度与单位面积生物量绘制散点图（图 7-8）。可以看出，随着年龄隔离度的增加，单位面积生物量总体上有增加趋势，但不是绝对的。大多数单位面积生物量达到高产（Ⅰ级）水平的年龄隔离度≥0.5。由于相邻同龄毛竹对有限的水分、养分和生长空间等资源存在相似的需求，导致单位面积生物量降低。因此，较高的年龄隔离度，有利于提高毛竹林生物量。

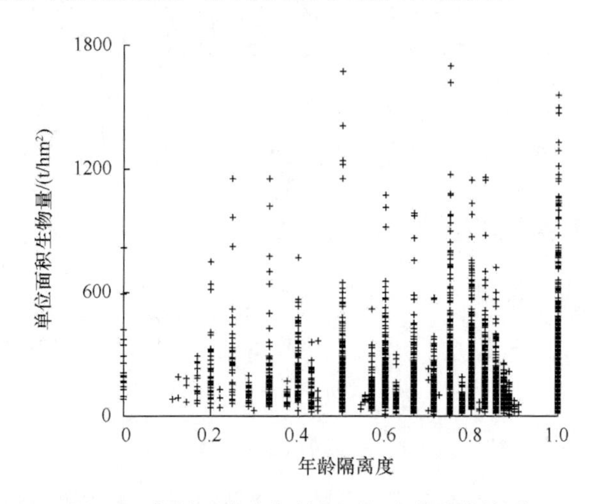

图 7-8　年龄隔离度与单位面积生物量的关系

7.3.6 聚集指数与生物量的关系

聚集指数可以反映相邻毛竹的空间聚集程度。根据每株对象竹的聚集指数与单位面积生物量绘制散点图（图 7-9）。计算毛竹林平均聚集指数为 0.9374（<1），说明毛竹林总体上呈聚集分布，这一结果与黄丽霞等（2008）的研究一致。但从图 7-9 可知，随着聚集指数的增加，单位面积生物量有降低趋势。还可以看到，单位面积生物量达到高产（Ⅰ级）水平的聚集指数是[0.13, 0.48]。这是一个非常窄的聚集指数范围。表明，单位面积生物量对聚集指数的变化十分敏感，较高聚集程度是提高单位面积生物量的重要前提。

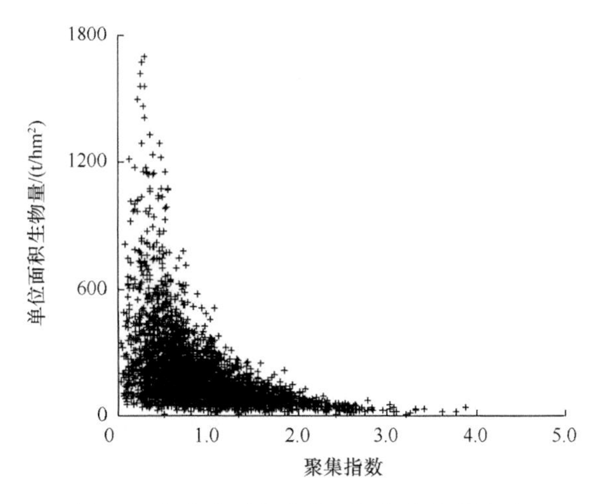

图 7-9　聚集指数与单位面积生物量的关系

7.3.7　空间结构指数主成分分析

上述分析得到毛竹林单位面积生物量高产的各种空间结构条件均为必要条件，而并非充分条件。但这已说明毛竹林的空间结构对毛竹林生物量具有不可忽视的作用。通过主成分分析，可以进一步了解影响毛竹林生长与生物量的主要空间结构因子。利用 4 个空间结构指数进行主成分分析，结果见表 7-1。从表 7-1 可以看出，前 3 个主成分的累积贡献率＞80%（唐守正，1986；高惠璇，2005），故第 4 个主成分对解释空间结构对毛竹林生长的影响意义不大。第 1 主成分中，聚集指数的因子负荷量最大，为 0.899，表明聚集指数对毛竹林生长影响最大，图 7-9 也已证实了这一点；第 2 主成分中，年龄隔离度的因子负荷量最大，为 0.949，表明毛竹林的年龄隔离度对毛竹生长有重要影响。第 3 主成分反映了最近邻竹株数对对象竹生长的影响。主成分分析结果表明，影响毛竹林生长和生物量的 4 个空间结构指数的重要性顺序为聚集指数＞年龄隔离度＞最近邻竹株数＞竞争指数。

表 7-1　空间结构指数主成分分析结果

空间结构指数	第 1 主成分	第 2 主成分	第 3 主成分	第 4 主成分
竞争指数	–0.756	–0.103	0.556	0.329
年龄隔离度	0.175	0.949	0.261	0.011
聚集指数	0.899	–0.088	–0.063	0.424
最近邻竹株数	0.603	–0.274	0.716	–0.222
特征值	1.774	0.995	0.894	0.337
贡献率/%	44.350	24.875	22.350	8.425
累计贡献率/%	44.350	69.225	91.575	100.000

7.4 小　　结

近自然毛竹林保存着各种自然状态的毛竹，以完整的弯曲活竹为主要生长状态。活竹的年龄最小的为 1 年，最大的为 14 年，平均 8 年，株数较多的是 6 年竹和 12 年竹，较少的是 1 年竹和 14 年竹，株数按年龄分布存在周期现象，大、小周期分别为 6 年和 2 年。

近自然毛竹林的空间结构与生物量之间存在不可忽视的关系。各空间结构因子重要性排序为聚集指数＞年龄隔离度＞最近邻竹株数＞竞争指数。聚集指数与毛竹林单位面积生物量的负相关关系最明显，而且达到高产（Ⅰ级）水平的聚集指数的取值范围很小。年龄隔离度的增加有助于提高毛竹林单位面积生物量，达到高产（Ⅰ级）水平的年龄隔离度≥0.5，即 1/2 及以上的最近邻竹的年龄与对象竹的年龄不同。最近邻竹株数增加，单位面积生物量有降低趋势，特别是当对象竹有 4 株最近邻竹时，最有可能获得较高生物量。尽管随着竞争指数的增加，单位面积生物量有下降趋势，但并不十分明显。表明，用传统单一的竞争指数难以区分毛竹林的生长差异，必须结合关系更密切的聚集指数、年龄隔离度和最近邻竹株数进行空间结构综合影响分析。

研究者通常关注毛竹林高产的空间结构，但在经营管理中，往往要面对更多现实低产的毛竹林空间结构，可以把高产的空间结构作为目标，通过砍竹和留笋等措施（曹流清和李晓凤，2003），优化调控毛竹林空间结构（胡艳波和惠刚盈，2006；汤孟平等，2013），增加具有高产空间结构的对象竹比例，达到提高毛竹林产量的目的。

毛竹林高产存在最适宜的密度、胸径和年龄结构（洪伟等，1998；郑郁善和洪伟，1998；曹流清和李晓凤，2003）。所以，尽管毛竹林空间结构研究的目的是为提高毛竹林产量找到一条新的空间经营途径，但同样需要考虑非空间结构，如立竹密度、立竹个体大小、立竹年龄组成等（萧江华，2010）。因此，把空间结构与非空间结构结合起来分析毛竹林结构与功能的关系是值得深入研究的问题。

毛竹林空间结构分析是以基于毛竹空间位置的空间数据为基础的，研究者面临从大量空间数据提取毛竹林空间结构信息的技术问题。而 GIS 有强大的空间分析功能，通常被用于大尺度的森林景观结构分析（陆元昌等，2005；夏伟伟等，2008）。本研究证实，GIS 同样是林分尺度上分析和提取毛竹林空间结构信息的有效工具。

第 8 章　森林空间结构优化调控模型

8.1　引　　言

景观异质性是景观尺度上景观要素组成和空间结构的变异性和复杂性。景观异质性决定景观的整体生产力、承载力、抗干扰能力和恢复能力，决定着景观的生物多样性（李晓文等，1999）。基于景观异质性的异质共生理论和异质-稳定性理论是景观生态学的基本理论，也是指导景观规划设计的理论基础。在森林景观管理中，皆伐会破坏景观异质性，并容易造成景观破碎化和物种灭绝，削弱景观抗干扰能力，降低景观稳定性。因此，择伐将取代皆伐，成为主要采伐方式。同时，与纯林相比，混交林的天然化程度、美学价值和稳定性较高（Bartelink and Olsthorn，1999），为公众更愿意接受的景观（Leikola，1999）。因此，研究以混交林为主的森林空间结构优化调控问题具有现实意义（Tomé *et al.*，1999）。

把森林视为生态系统，系统结构与功能关系可简单地表述为图 8-1。系统结构包括空间结构和非空间结构。空间结构主要包括混交、竞争和空间分布格局 3 个方面。非空间结构包括径级、生长量和树种多样性。系统功能包括生态效益、经济效益和社会效益。

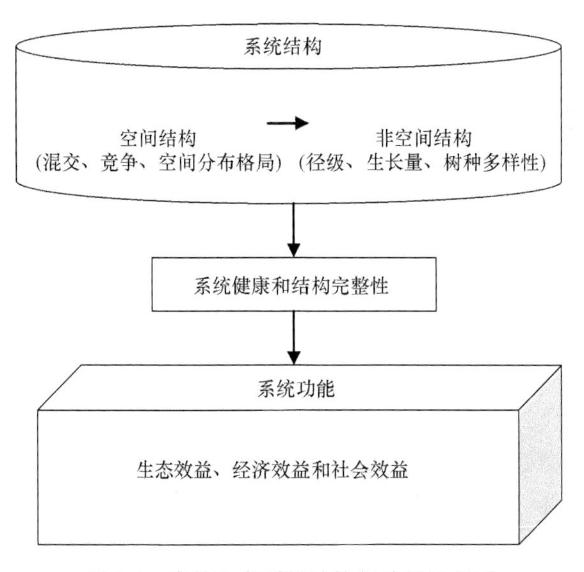

图 8-1　森林生态系统结构与功能的关系

传统的森林优化经营模型目标是系统功能优化，主要是经济效益最大，如总收益最多（谢哲根等，1994）、纯收益最多（Hof and Bevers，2000）、净现值最大（Buongiorno *et al.*，1995）等，也就是说传统的森林优化经营模型目标很少考虑系统结构。事实上，根据系统论结构决定功能原理（杨春时等，1987），只有保持系统结构优良，系统的功能才能得到较好发挥。研究已表明，增加森林结构多样性将提高物种多样性和生态稳定性（Gardiner，1999；Pretzsch，1999）。因此，维持和提高森林结构复杂性已成为生态系统和景观保护的经营目标（García Abril *et al.*，1999）。尤其是自然过程形成的森林结构受到高度重视（Bartelink and Olsthorn，1999）。Hekhuis 和 Wieman（1999）指出，与自然保护有关的最重要的森林结构特征包括树种组成、大径级死亡木数量、森林发育阶段和直径分布（包括老龄木）等。

生态过程和干扰都影响森林结构（Wells and Getis，1999）。疏伐是对实施经营的林地最重要的干扰（冯佳多和惠刚盈，1998）。采伐直接影响森林的空间结构和非空间结构，而空间结构的变化又会对非空间结构造成影响。合理择伐是调整林分空间结构的手段，其目的是充分发挥森林的功能。例如，过于稠密将导致许多林分发生森林病虫害，从而不能正常发挥森林的功能（Bartuska，1999）；抚育间伐可调整林分空间结构，改善林分卫生状况，防止病虫害发生与蔓延。Ammer 和 Weber（1999）的研究证实，疏伐能提高树种多样性。因此，对于森林生态系统而言，采伐后的空间结构比非空间结构更重要。

生态系统经营模式重视森林生态系统的结构多样性和完整性，已成为美国等发达国家主要的生态系统经营原则。生态系统经营强调生态系统的健康保护和恢复（Bartuska，1999），而不是只追求木材产量或经济效益最高。生态系统经营属于小尺度经营。Hekhuis 和 Wieman（1999）指出，小尺度近自然森林经营有助于森林功能的发挥。因此，符合生态系统经营原则的小尺度林分择伐应当在取得一定木材收获量的同时，最大限度地改善森林结构（包括空间结构和非空间结构），使森林生态系统始终维持在理想的结构状态，以保持生态系统的健康、活力和完整性，充分发挥生态系统的各种功能，实现森林的可持续经营。

因此，有必要把空间结构引入森林空间优化经营规划，建立森林空间结构优化调控模型，通过模型求解，以确定是否有最充分的理由采伐某一空间位置上的林木，旨在为森林空间优化经营决策提供依据。汤孟平等（2004a）首先建立了森林空间结构优化调控的一般模型，并在云冷杉林中得到成功应用。该模型以森林空间结构为目标，以非空间结构为主要约束条件，目的是通过空间结构调控，使森林空间结构达到最优状态。

汤孟平等（2004b）提出的森林空间结构优化调控一般模型仍存在 3 个问题。①在计算竞争指数、分布格局和混交度时，大量时间消耗于计算相邻木距离并按距离排序，以求出最近邻木的距离，降低了计算效率。②采用固定半径圆确定竞争单元（Hegyi，1974；Holmes and Reed，1991；郭忠玲等，1996；吴承桢等，1997；张思玉和郑世群，2001；邹春静等，2001），可能会把非直接竞争者选为竞争木，而把某方向上的直接竞争者排除在竞争单元之外。而且，采用固定最近邻木株数的方法确定混交单元（Füldner，1995；惠刚盈和胡艳波，2001）会导致混交度的有偏估计。③空间分析的有力工具——GIS 没有被引入森林空间结构分析中。鉴于此，汤孟平等（2007a，2009）提出的基于 GIS 的 Voronoi 图分析空间结构的方法有效解决了这些问题，并统一了确定空间结构单元的方法，为把基于 GIS 的空间结构分析方法应用于建立森林空间结构优化调控模型提供了可能。

本章将首先介绍森林空间结构优化调控的一般模型及一般模型在云冷杉林中的应用（汤孟平等，2004b；汤孟平，2007），然后介绍基于 GIS 的森林空间结构优化调控模型及优化调控模型在常绿阔叶林中的应用，最后，把森林空间结构优化调控引入毛竹林研究，建立基于 GIS 的毛竹林空间结构优化调控模型。

8.2　森林空间结构优化调控的一般模型

森林空间结构优化调控的一般模型包括目标函数和约束条件两个方面。

8.2.1　目标函数的确定

采伐森林中任何一株树木，森林空间结构都会发生变化。因此，森林空间结构优化调控模型的实质是合理确定采伐木，目的是在获取木材并保持非空间结构的同时，导向理想的空间结构。那么，什么样的空间结构是理想的？这个问题目前尚难回答。结合已有的研究成果，作一些假设是必要的。

森林择伐后保持理想的空间结构是模型的总目标。森林空间结构包括混交、竞争与空间分布格局 3 个方面。相应地，有 3 个空间结构子目标。所以，模型是一个多目标规划问题。首先对子目标作最优状态分析，然后进行综合得到总目标。

择伐的基本单元是林分，而一个林分在森林景观中就是一个斑块。福尔曼和戈德罗恩（1990）把斑块定义为在外观上不同于周围环境的非线性地表区域，也就是指与周围环境在外貌或性质上不同，但又具有一定内部均质性的空间地域单元（郭晋平，2001）。在 Weintraub 和 Cholaky（1991）所提出的森林规划等级方法中，先把森林景观划分成同质的带，每个带再被分成经营单元（即斑块），强调单元同质性是经营单元划分的依据。显然，在斑块内部要求保持均质且与邻近斑块有着本质不同的特征。景观生态学的这些理论对森林经营与管理有指导意义。根据森林斑块的乔木层，我们不妨把斑块均质性理解为森林空间结构的均质性，包括混交、竞争和空间分布格局的均质性。

森林在空间分布格局上的均质性是林木均匀分布。因为，竞争会极大地限制种群发展，使种群密度时常保持在不至于产生激烈竞争的水平上（金明仕，1992），这是森林在自然状态下自我维持均质性的机制。Moeur（1993）研究表明，林木最初与它们直接近邻者竞争，自稀疏增加了林木之间的距离。林木间的竞争使森林格局从聚集分布变为均匀分布。较大的亚优势木和优势木倾向于均匀分布，而年幼的林木呈聚集分布。Hanus 等（1998）的研究进一步证实了这一点，认为，老龄林空间分布格局趋向均匀分布。因此，森林演替的趋势是大树均匀分布，幼树聚集分布只是暂时的，总的趋势是均匀分布。

大树和林分整体均匀分布具有许多优点：可以充分利用光照，提高生物生产力；可增加通风透气性，调节林内小气候，有利于林木及林下植被生长；可减少林木之间冠层重叠，有效地阻止病虫害的蔓延和传播；均匀分布可以使地表连续覆盖，符合近自然林业要求（Bartelink and Olsthorn，1999；García Abril *et al.*，1999）。因此，林分择伐后，林木均匀分布可作为森林空间结构的第 1 个子目标，包括大树均匀分布和林分整体均匀分布，这两种均匀分布都要求聚集指数越大越好。这里，胸径大于或等于林分平均胸径的林木是大树，否则是小树。

森林在混交方面的均质性是不同树种林木之间充分隔离。一般认为，混交林中树种相互隔离程度越高，森林稳定性越高。因此，林分择伐后保持较大的混交度可以作为林分空间结构的第 2 个子目标，即混交度越大越好。林分在竞争方面的均质性是林分采伐后保持较低的竞争水平，使各保留木在满足其生态位需求上更有利。所以，确定林分采伐后保持较小的竞争指数为第 3 个子目标，即竞争指数越小越好。

由于森林空间结构的各个方面既相互依赖又可能相互排斥，要求各子目标同时都达到最优是困难的。处理此类问题，人们往往强调系统的综合平衡和整体最优，这就是多目标规划问题。多目标规划问题常常化为单目标或双目标进行求解，方法有主要目标法、线性加权法、平方和加权法、理想点法、乘除法和几何平均法等。结合 Heuserr（1998）的研究结论，结构多样性指数及其标准差可以描述经营活动后林分结构和动态。基于上述分析，林分空间结构在混交度和聚集指数上都是以取大为优，而竞争指数是取小为优。同时，考虑保持空间结构在森林整体上的稳定性，避免出现局部变动过大。所以，我们采用乘除法（《运筹学》教材编写组，1990）。

乘除法的基本思想是 x 为决策向量，在 m 个目标 $f_1(x), \cdots, f_m(x)$中，假设其中 k 个目标 $f_1(x), \cdots, f_k(x)$要求实现最大，其余 $f_{k+1}(x), \cdots, f_m(x)$要求实现最小，并假定

$$f_{k+1}(x), \cdots, f_m(x) > 0$$

这时可采用评价函数 $Q(x)$作为目标函数，计算公式为

$$Q(x) = \frac{f_1(x) f_2(x) \cdots f_k(x)}{f_{k+1}(x) \cdots f_m(x)} \tag{8-1}$$

通过求解，使 $Q(x^*)$达到最大，求得 x^*。

根据乘除法的基本思想，按式（8-1）对森林空间结构的 3 个子目标进行综合，确定森林空间结构综合目标函数：

$$Q(x)=\frac{\dfrac{M(x)}{\sigma_{\mathrm{M}}}\cdot\dfrac{R(x)}{\sigma_{\mathrm{R}}}\cdot\dfrac{\mathrm{Rb}(x)}{\sigma_{\mathrm{Rb}}}}{\mathrm{CI}(x)\cdot\sigma_{\mathrm{CI}}} \tag{8-2}$$

式中，M 为林分混交度；CI 为林分竞争指数；R 为林分聚集指数；Rb 为大树聚集指数；σ_{M} 为林分混交度标准差；σ_{CI} 为林分竞争指数标准差；σ_{R} 为林分聚集指数标准差；σ_{Rb} 为大树聚集指数标准差；x 为林木决策向量，$x=(x_1, x_2, \cdots, x_N)$；$x_i=\begin{cases}1 & \text{保留林木}i\\0 & \text{采伐林木}i\end{cases}$，$i=1, 2, \cdots, N$。

目标函数式（8-2）表示林分采伐后，最大限度保持树种相互隔离、林木均匀分布和竞争强度低的空间结构，并保持结构相对稳定。

8.2.2　约束条件的设置

约束条件主要根据森林非空间结构设置，包括林分结构多样性、群落进展演替和采伐量不超过生长量。林分结构多样性是生物多样性的重要组成部分，林分结构多样性主要指林木大小多样性和树种多样性（Buongiorno *et al.*，1995）。为促进群落进展演替，必须维持优势树种或建群树种的优势程度。采伐量不超过生长量是可持续利用木材的基本前提。同时，要求伐后空间结构质量不降低。这些约束都符合近自然林业和可持续经营的要求。

8.2.2.1　林木大小多样性约束条件的设置

早在 1899 年，法国林学家德莱奥古（de Liocourt）就发现：理想的异龄林株数按径阶的分布是倒“J”形，即相邻径级的立木株数之比趋向于一个常数 q，或称为 q 值法则（于政中，1993；García Abril *et al.*，1999）。根据 q 值法则，异龄林在合理采伐和自然死亡等干扰下，围绕理想结构上下波动，并能维持林分结构的动态平衡。森林连续采伐应当以不破坏或容易恢复到初始结构状态为基础。根据德莱奥古的理论，美国做了大量直径分布方面的研究，目的是确定理想的分布曲线，调整收获量，并保持异龄林的结构。这些分布曲线涉及 q 值、最大径阶和断面积（García Abril *et al.*，1999）。所以，异龄林的直径分布实质上是林木大小多样性的问题。

林木大小多样性可用径阶多样性和株数按径阶的倒“J”形分布描述，在模型中可建立相应的约束条件。以采伐后不减少径阶个数作为径阶多样性的约束条件，以采伐后保持株数按径阶形成倒“J”形分布作为林木大小多样性分布形式的约束条件。径阶多样性约束条件比较容易建立，倒“J”形分布的约束条件稍复杂一些。美国林学家迈耶在 1952 年发现，异龄林株数按径阶的分布可用负指数分布表示（于政中，1993；García Abril *et al.*，1999），公式如下

$$N = \mathrm{k}\mathrm{e}^{-\mathrm{a}D} \tag{8-3}$$

式中，N 为株数；e 为自然对数的底；D 为胸径；a、k 为常数。

胡希把 q 值与负指数分布联系起来，得到

$$q = \mathrm{e}^{\mathrm{a}h} \tag{8-4}$$

式中，q 为两个相邻径级株数之比；a 为负指数分布的结构常数；h 为径阶距；e 为自然对数的底。

显然，如果已知现实异龄林株数按径阶的分配，通过对式（8-3）进行回归分析，就可以求出常数 k 和 a，把 a 和径阶距 h 代入式（8-4）求得 q 值。德莱奥古认为，q 值几乎是个常数，一般为 1.2～1.5。也有研究认为，q 值为 1.3～1.7（García Abril *et al.*，1999）。q 值小，表明立地质量较高，直径分布曲线比较平坦，径阶范围较宽，大径木占的比例较高。q 值大，表明立地质量较差，直径分布曲线较陡，径阶范围较窄，小径木占的比例较高（于政中，1993；García Abril *et al.*，1999）。本研究结合实际样地调查，适当调整 q 值区间，如果现实异龄林的 q 值落在这个区间内，则认为该异龄林的株数分布是合理的，否则是不合理的。模型中，可用保留木株数按径阶分布的 q 值原则，建立林分择伐后对径阶分布的约束条件。

8.2.2.2 树种多样性约束条件的设置

森林采伐是降低生物多样性最直接的人为干扰。因此，在采伐木选择时必须考虑生物多样性保护问题。设置树种多样性约束就是为了满足生物多样性保护的需要。树种多样性用 Shannon-Wiener 多样性指数和树种个数表示。树种多样性约束包括两个方面：①树种多样性 Shannon-Wiener 多样性指数不降低约束，是防止以取材为目的的有树种倾向性的采伐；②树种个数不减少约束，确保不人为造成树种的消失。

8.2.2.3 森林群落进展演替约束条件的设置

优势树种是森林群落各个层片中数量最多、盖度最大、群落学作用最明显的种，其中主要层片的优势树种称为建群树种。建群树种是森林群落的主要建造者，是在特定的环境条件下形成的种类，不同的建群树种组成了不同的森林。优势树种群特别是建群树种与森林群落是共存亡的。如果建群树种受到破坏，那么它所处的环境也会改变，从而增加物种消失的可能性。优势树种的改变常常使森林群落由一个类型演替为另一个类型（《中国森林》编辑委员会，1997）。因此，在林分择伐空

间优化模型中，引入优势树种或建群树种优势度不降低的约束，以维持森林群落进展演替趋势不被破坏。在森林研究中，常用重要值表示一个树种的优势程度。重要值可以用某个种的多度、盖度和频度的平均值或生物量表示（金明仕，1992；张金屯，1995）。本研究的研究对象——云冷杉林优势树种和建群树种相同，都是云冷杉和红松针叶树种。优势度用建群树种的蓄积比例表示。建群树种种数是 3。

8.2.2.4　采伐量不超过生长量约束条件的设置

检查法（control method）最早是法国林学家顾尔诺（Gurnaud，1886）提出的用于异龄林收获调整的方法，后来经过瑞士林学家毕奥莱（Biolley，1920）加以发展和完善，在欧洲已被广泛采用。检查法的核心思想是采伐量不超过生长量，此约束有利于长期维持林地生产力，以便持续获得木材。检查法计算生长量的公式（于政中，1993；García Abril *et al.*，1999）为

$$Z = \frac{M_2 - M_1 + C + D}{a} = \frac{\Delta}{a} \tag{8-5}$$

式中，Z 为林分定期平均生长量（m^3/a）；Δ 为林分定期总生长量（m^3）；M_2 为本次调查的全林蓄积（m^3）；M_1 为上次调查的全林蓄积（m^3）；C 为调查间隔期内的采伐量（m^3）；D 为调查间隔期内的枯损量（m^3）；a 为调查间隔期（年）。

本模型中，采伐量的控制原则是：当根据采伐强度确定的采伐量不超过生长量时，按采伐强度控制采伐量；当根据采伐强度确定的采伐量超过生长量时，按生长量控制采伐量。所以，生长量是采伐量的最高限额。在最高限额内，在满足其他约束条件的前提下，尽可能多地获取木材。

8.2.2.5　空间结构约束条件的设置

采伐后，3 个方面的空间结构质量不能比伐前差：①树种多样性混交度大于等于伐前值；②大树和林分聚集指数均大于等于伐前值；③竞争指数小于等于伐前值。

8.2.3　模型的建立

在目标函数分析与约束条件设置的基础上，可建立森林空间结构优化调控的一般模型。假定已取得调查样地中每株树木的胸径、树高、树种和坐标等调查因子，通过模型求解，可以得到下一经理期内的采伐木（表 8-1）。

下面建立森林空间结构优化调控的一般模型。

目标函数：

表 8-1　样地每木调查因子和采伐木安排

林木号	树木基部坐标		胸径	树高	树种	材积	决策	采伐材积
	X	Y						
1	X_1	Y_1	d_1	h_1	s_1	v_1	g_1	$v_1(1-g_1)$
2	X_2	Y_2	d_2	h_2	s_2	v_2	g_2	$v_2(1-g_2)$
⋮	⋮	⋮	⋮	⋮	⋮	⋮	⋮	⋮
N	X_N	Y_N	d_N	h_N	s_N	v_N	g_N	$v_N(1-g_N)$

$$Q(x)=\frac{\dfrac{M(x)}{\sigma_{\mathrm{M}}}\cdot\dfrac{R(x)}{\sigma_{\mathrm{R}}}\cdot\dfrac{\mathrm{Rb}(x)}{\sigma_{\mathrm{Rb}}}}{\mathrm{CI}(x)\cdot\sigma_{\mathrm{CI}}} \tag{8-6}$$

约束条件：

（1）$d(x)=D_0$

（2）$q(x)\geqslant q_1$

（3）$q(x)\leqslant q_2$

（4）$s(x)=S_0$

（5）$t(x)=-\sum_{i=1}^{s(x)} p_i \ln p_i \geqslant T_0$

（6）$f(x)\geqslant F_0$

（7）$c(x)=v\cdot(\mathbf{1}-x)^{\mathrm{T}}\leqslant Z$

（8）$M(x)\geqslant M_0$

（9）$R(x)\geqslant R_0$

（10）$\mathrm{Rb}(x)\geqslant \mathrm{Rb}_0$

（11）$\mathrm{CI}(x)\leqslant \mathrm{CI}_0$

式中，

$M(x)$为林分混交度，计算公式见式（4-31）和式（4-32）；

$\mathrm{CI}(x)$为林分竞争指数，计算公式见式（4-20）和式（4-21）；

$R(x)$为林分聚集指数，计算公式见式（4-1）的修正式；

$\mathrm{Rb}(x)$为大树聚集指数，计算公式见式（4-1）的修正式；

σ_{M} 为林分混交度标准差；

σ_{CI} 为林分竞争指数标准差；

σ_{R} 为林分聚集指数标准差；

σ_{Rb} 为大树聚集指数标准差；

M_0 为伐前林分混交度；

CI_0 为伐前林分竞争指数；

R_0 为伐前林分聚集指数；

Rb_0 为伐前大树聚集指数；

$d(x)$为伐后保留木径阶个数；

D_0 为伐前径阶个数；

$q(x)$为伐后 q 值；

q_1、q_2 分别为 q 值的下限、上限；

$s(x)$为伐后树种数；

S_0 为伐前树种数；

$t(x)$为树种多样性指数；

p_i 为树种 i 的频率；

T_0 为伐前树种多样性指数；

$f(x)$为建群种的优势度；

F_0 为建群种伐前的优势度；

$c(x)$为采伐量（m^3）；

T 表示向量转置；

Z 为林分生长量（m^3/a）；

v 为林木单株材积向量（m^3），$v=(v_1, v_2, \cdots, v_N)$；

$\mathbf{1}$ 为以 1 为元素的行向量，$\mathbf{1}=(1, 1, \cdots, 1)$；

x 为决策向量，$x=(x_1, x_2, \cdots, x_N)$，$x_i=\begin{cases}1 & \text{保留林木}i \\ 0 & \text{采伐林木}i\end{cases}$，$i=1, 2, \cdots, N$，$N$ 为样地林木总株数（株）。

目标函数式（8-6）取最大值。约束（1）表示林分采伐后，径阶个数不减少；约束（2）和（3）表示保持株数按径阶形成倒“J”形分布；约束（4）表示林分采伐后树种数不减少；约束（5）表示林分采伐后，树种多样性指数不降低；约束（6）表示伐后建群种的优势度不降低；约束（7）表示采伐量不超过林分生长量；约束（8）～（11）是初始空间结构约束；决策向量 x 的每一个分量取值均为 0 或 1。显然，该模型是一个非线性多目标整数规划模型。

8.2.4　模型求解

由于模型中存在大量整数变量，会出现组合爆炸现象，用穷举法难以求解。而 Monte Carlo 检验法可用于求解此类问题。Monte Carlo 检验法是根据随机抽样的原理，利用计算机语言提供的随机数函数对约束优化问题的可行点进行随机抽样，经过对样本点的目标值过滤比较，找出全体样本点中目标值最优点，将该点视作原问题的最优解的一个近似解。

我们知道，随机抽样的可信程度取决于样本点数。样本点越多，可信程度就越高。Monte Carlo 检验法可以利用计算机在很短的时间内产生大量样本点，完全可以满足样本数量的要求。但由于样本点是随机产生的，Monte Carlo 检验法有可能获得全局最优解。下面介绍 Monte Carlo 检验法求解的算法步骤。

（1）读取样地数据，林木向量（x）。

（2）计算采伐控制参数：起始采伐直径（D）、采伐强度（P）、生长量（Z）。

（3）计算非空间结构参数：D_0、S_0、F_0、T_0；空间结构指数：M_0、CI_0、R_0、Rb_0，目标值：$Q^*=-1000$；目标无改善次数：$U=0$，最大允许目标连续无改善次数 $U_0=500$（可调整，产生多个解）。

（4）在采伐限额（生长量和采伐强度）控制下，随机选取采伐木，得到保留木向量 x。

（5）计算非空间结构参数：$d(x)$、$q(x)$、$s(x)$、$t(x)$、$f(x)$、$c(x)$。

（6）如果至少有一个约束条件不成立，则转至步骤（4）；否则，转至步骤（7）。

（7）计算空间结构指数：$M(x)$、$CI(x)$、$R(x)$、$Rb(x)$。

（8）如果至少有一个空间结构质量降低，则转至步骤（4）；否则，找到一个可行解，转至步骤（9）。

（9）计算可行解的目标函数值 $Q(x)$。

（10）如果 $Q(x)>Q^*$，则转至步骤（11）；否则，转至步骤（12）。

（11）保留此可行解为当前最优解，$x^*=x$，$Q^*=Q(x)$，$U=0$，转至步骤（4）。

（12）目标连续未改善次数：$U=U+1$。

（13）如果 $U>U_0$，转至步骤（14）；如果 $U\leqslant U_0$，转至步骤（4）。

（14）输出最优解：x^*、Q^*，结束。

以上算法流程图如图 8-2 所示。根据此算法编制计算程序。

8.2.5 云冷杉林空间结构优化调控模型

8.2.5.1 样地调查

吉林省汪清县林业局金沟岭林场云冷杉原始林 20 号样地建立于 1986 年，是该林场实施检查法较早的固定样地，样地大小 50m×40m。以 1986 年调查结果作为上次调查数据，以 2002 年调查结果作为本次调查数据。调查间隔期 16 年。为制定下一经理期的采伐计划，采用林分择伐空间优化模型进行规划，以确定最佳采伐方案。经理期长度（A）为 10 年（谢哲根等，1994）。

样地调查采用 10m×10m 的相邻网格进行。以每个网格为调查单元，全林每木调查，调查因子包括胸径、树高、年龄、冠幅和坐标等。把外业数据录入计算机，建立数据文件。具有林木坐标信息的样地数据是建立林分择伐空间优化模型的基础。

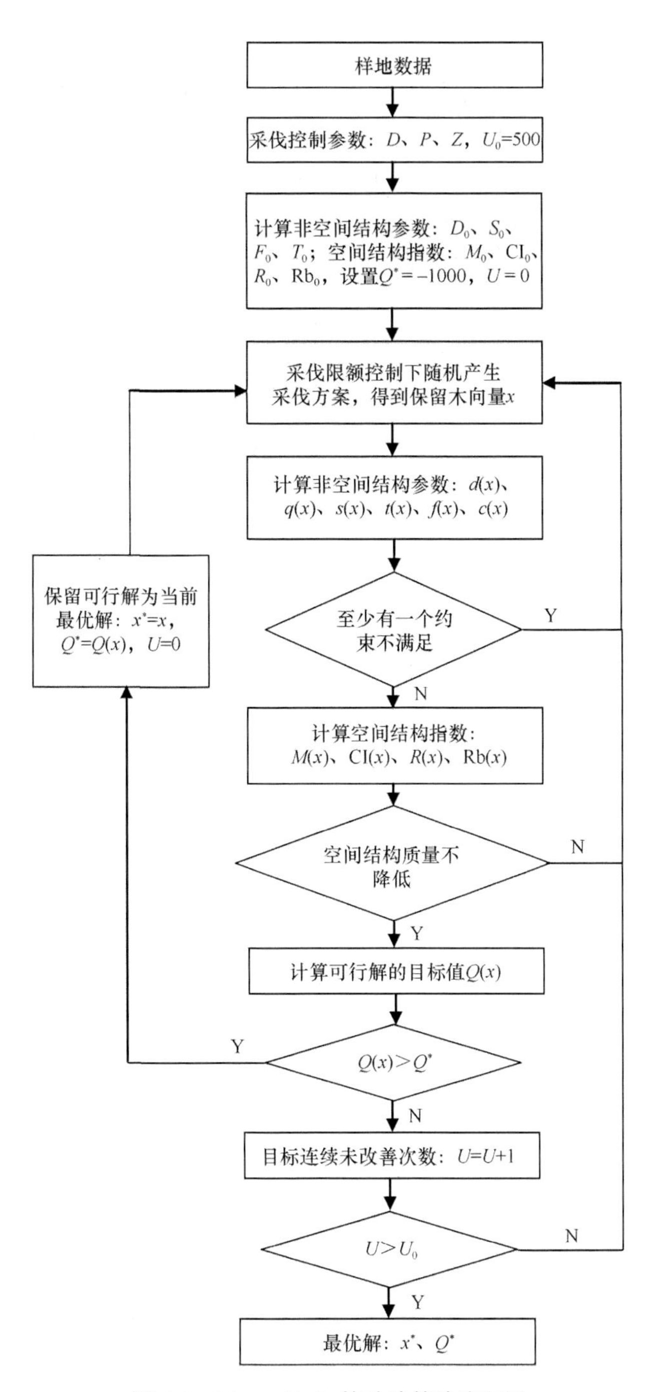

图 8-2　Monte Carlo 检验法算法流程图

8.2.5.2 模型参数

采用式（8-6）求解最优采伐方案的首要任务是确定模型参数。该模型共有 11 个参数：3 个林木大小多样性参数包括径阶数（D_0）、株数按径阶倒“J”形分布的 q 值上限（q_1）和下限（q_2）；2 个树种多样性参数为树种数（S_0）和树种多样性指数（T_0）；建群种优势度参数（F_0）；生长量参数（Z）；4 个伐前空间结构参数。这些参数均为约束条件的右端项。除计算生长量需要两次调查结果外，其他参数均根据本次调查结果确定。

1）林木大小多样性参数

本次调查统计出株数按径阶倒“J”形分布（表 8-2）。径阶数 D_0=17。

表 8-2 原始林 20 号样地本次调查株数按径阶倒“J”形分布

径阶/cm	株数
8	34
12	18
16	16
20	10
24	6
28	18
32	6
36	9
40	8
44	5
48	2
52	3
56	7
64	1
72	1
92	2
100	1
合计	147

从表 8-2 可见，云冷杉原始林 20 号样地直径分布范围较宽，径阶从 8～100cm 均有分布。García Abril 等（1999）在研究西班牙中央山脉欧洲赤松异龄林结构时，最大径阶仅为 45cm。

根据表 8-2，对式（8-3）两边取自然对数线性化，拟合株数对数与胸径的关系曲线（图 8-3），求得参数 a=0.0357。径阶宽度 h=4cm。把 a 和 h 代入式（8-4）

计算出原始林 20 号样地的 q=1.1535，与德莱奥古所确定的 q 值范围（1.2～1.5）相比，q 值偏低。说明该林地立地质量较高，可以支撑较宽的直径分布范围。据此结果，本研究适当调整德莱奥古的 q 值范围为 1.15～1.5，即 q_1=1.15，q_2=1.5。

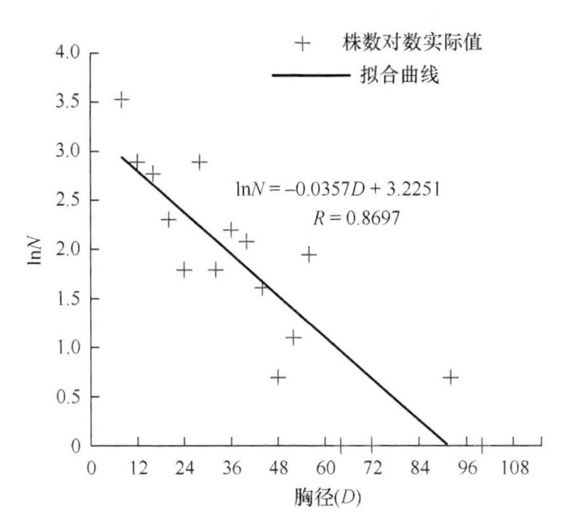

图 8-3　株数对数与胸径的关系

2）树种多样性参数

树种多样性参数统计与计算结果见表 8-3。树种数 S_0=9。从株数分布来看，针叶树占 58%，阔叶树占 42%。针叶树占优势，说明林分是典型的云冷杉林。树种多样性指数 T_0=1.9175。

表 8-3　原始林 20 号样地本次调查树种株数及其占比

树种	株数	株数占比/%
红松	16	10.88
云杉（*Picea asperata*）	38	25.85
冷杉（*Abies fabri*）	31	21.09
水曲柳（*Fraxinus mandshurica*）	4	2.72
紫椴（*Tilia amurensis*）	22	14.97
榆树（*Ulmus pumila*）	2	1.36
色木槭（*Acer mono*）	9	6.12
枫桦（*Betula costata*）	5	3.40
杂木	20	13.61
合计	147	100
T_0	1.9175	

3）优势度参数

根据蓄积比例（表 8-4）确定林分建群种。从树种组成看，云杉、冷杉和红松占 5 成以上，属于云冷杉林向阔叶红松林过渡林型（邢劭朋，1988）。以占优势的云杉、冷杉和红松 3 个针叶树种作为建群种，计算优势度 F_0=51.63。

表 8-4　原始林 20 号样地本次调查蓄积按树种分配

树种	蓄积/m^3	蓄积占比/%
红松	4.7781	4.59
云杉	15.3607	14.75
冷杉	33.6313	32.29
水曲柳	2.3770	2.28
紫椴	38.7755	37.23
榆树	0.2740	0.26
色木槭	5.1687	4.96
枫桦	2.1626	2.08
杂木	1.6252	1.56
合计	104.1531	100
F_0	51.63	

4）生长量参数

生长量参数的确定是为了制定下一经理期的采伐量限额。生长量通过调查间隔期内林木消长变化情况计算。表 8-5 列出了采伐木与枯死木的林木号、树种、胸径和材积。表 8-6 是原始林 20 号样地调查间隔期内的生长量。

表 8-5　原始林 20 号样地调查间隔期内采伐木与枯死木情况

林木状态	林木号	树种	胸径/cm	材积/m^3
采伐木	9	红松	70.0	4.7781
	110	红松	77.4	5.9975
	6	云杉	8.0	0.0216
	170	云杉	6.4	0.0120
	67	冷杉	50.3	2.2265
	127	冷杉	45.3	1.7390
	35	杂木	9.0	0.0279
	38	杂木	8.7	0.0256
	99	杂木	16.2	0.1168
	150	杂木	7.5	0.0176
	151	杂木	6.6	0.0127
	153	杂木	8.1	0.0214
	合计			14.9967

续表

林木状态	林木号	树种	胸径/cm	材积/m^3
枯死木	138	云杉	6.3	0.0115
	28	冷杉	38.6	1.1862
	70	冷杉	45.7	1.7756
	145	色木槭	8.1	0.0214
	37	杂木	9.7	0.0336
	53	杂木	10.7	0.0429
	57	杂木	10.3	0.0390
	115	杂木	27.6	0.3965
	143	杂木	10.6	0.0419
	144	杂木	9.2	0.0295
	合计			3.5781

表 8-6　原始林 20 号样地调查间隔期内生长量

树种	1986 年蓄积（M_1）/m^3	1986 年蓄积占比/%	采伐蓄积（C）/m^3	枯死蓄积（D）/m^3	2002 年蓄积（M_2）/m^3	2002 年蓄积占比/%	总生长量（$\Delta=M_2-M_1+C+D$）/m^3	平均生长量（$\bar{Z}=\Delta/16$）/（m^3/a）	10 年预估生长量（Z）/m^3
红松	14.1139	15	10.7756	—	5.8529	6			
云杉	8.6558	10	0.0336	0.0115	15.3607	15			
冷杉	29.9575	32	3.9655	2.9618	33.6313	32			
水曲柳	1.5695	2	—	—	2.3770	2			
紫椴	30.0564	32	—	—	38.7755	37			
榆树	0.1624	0	—	—	0.2740	0			
色木槭	4.9958	5	—	0.0214	5.1687	5			
枫桦	1.3022	2	—	—	2.1626	2			
杂木	1.9578	2	0.2220	0.5834	1.6252	1			
合计	92.7713	100	14.9967	3.5781	105.2279	100	31.0314	1.9395	19.395

注：“—”表示调查期间样地中无；空白表示未统计

从采伐木来看，采伐树种包括红松、云杉和冷杉针叶树种及杂木阔叶树种。采伐的大径木都是针叶树（9 号、110 号、67 号、127 号），小径木主要是杂木（35 号、38 号、150 号、151 号、153 号）。采伐大径阶针叶树，反映过去以取材为目的的经营思想。采伐小径杂木又反映出具有抚育性质。尽管没有考虑采伐对林分空间结构的影响，也反映出采伐设计者兼有采与育两方面的考虑。

从枯死木来看，树种有云杉、冷杉、色木槭和杂木。枯死木中，径阶较大的是针叶树（28 号、70 号），径阶较小的多为杂木（37 号、53 号、57 号、143 号、144 号）。大径木死亡原因主要是风倒和病虫害，小径木死亡原因主要是被压后光照不足，这些引起林木死亡的原因都与空间结构有关。

在表 8-5 基础上，结合两次调查活立木蓄积，计算生长量见表 8-6。总生长量中包括调查间隔期内的采伐量和枯损量。平均生长量等于总生长量除以调查间隔期 16 年。下一经理期（A）确定为 10 年，平均生长量乘以经理期就是未来 10 年预估生长量（Z），Z=19.395m^3，以此作为下一经理期的采伐限额（考虑到林木有枯损，实际采伐时应当调减采伐量）。

5）伐前空间结构参数

按式（4-32）和式（4-31）计算伐前混交度 M_0=0.6619；按式（4-20）和式（4-21）计算伐前林分竞争指数 CI_0=3.8046；按式（4-1）的修正式计算伐前林分聚集指数 R_0=0.9258，大树聚集指数 Rb_0=1.0650。

8.2.5.3 模型求解

把以上确定的参数代入模型式（8-6），建立森林空间结构优化调控模型。根据流程图（图 8-2）编制程序进行求解。起始采伐直径 20cm，择伐强度 20%（小强度），定期（10 年）生长量 19.395m^3，建群种红松、云杉、冷杉。

8.2.5.4 结果分析

1）目标函数值与搜索次数的关系

用 Monte Carlo 检验法求解整数规划，一般得到次优解，但可能求得最优解。为便于叙述，我们仍称之为最优解。求解的终止条件是连续搜索若干个可行解，目标值基本稳定，有关结果见表 8-7、图 8-4 和图 8-5。

表 8-7　目标函数值与搜索次数的关系

目标函数值连续无改善次数（U）	总搜索次数（N）	目标函数值（Q）
100	74 300	2.592 4
200	119 545	2.766 9
300	271 502	3.091 6
400	181 648	2.604 3
500	418 361	2.796 2
600	696 497	2.863 4
700	443 564	2.834 3
800	886 977	2.925 6
900	940 669	2.925 6
1 000	667 528	3.212 4
1 100	1 035 492	2.925 6
1 200	1 084 121	2.925 6
1 300	1 130 300	2.925 6
1 400	1 177 999	2.925 6
1 500	1 231 952	2.925 6

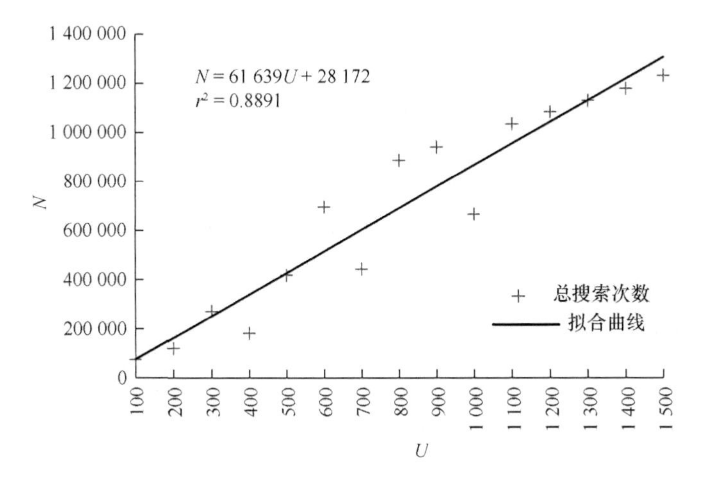

图 8-4　目标函数值连续无改善次数（U）与总搜索次数（N）的关系

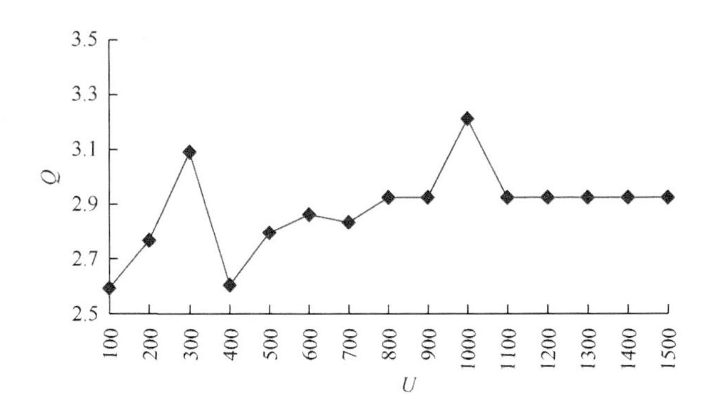

图 8-5　目标函数值（Q）与目标函数值连续无改善次数（U）的关系

表 8-7 列出了目标函数值与目标函数值连续无改善次数和总搜索次数的关系。目标函数值连续无改善次数是指在搜索过程中，目标函数值连续无改善的可行解个数，不包括非可行解。可以看出，随着目标函数值连续无改善次数的增加，总搜索次数和目标函数值总体上呈增长趋势，但有波动，这正是 Monte Carlo 检验法搜索算法的特点。理论上，任何一次搜索都有可能求得最优解。因此，搜索过程不会陷入局部最优解。搜索次数越多，求得最优解的概率越大。

目标函数值连续无改善次数与总搜索次数的关系如图 8-4 所示。总搜索次数随目标函数值连续无改善次数的增加而出现波动，但呈明显线性增长关系。目标函数值连续无改善次数增大 15 倍，总搜索次数增加约 16 倍，增长率接近。显然，大量的搜索是求得最优解的前提。

图 8-5 显示，随着目标函数值连续无改善次数的增加，目标函数值也出现波动。当目标函数值连续无改善次数小于 1100 次时，目标函数值波动较大，当目标

函数值连续无改善次数大于 1100 次后，目标函数值基本稳定。在目标函数值连续无改善次数为 1000 次时，目标函数值最大，确定此时的可行解为最优解。

当然，继续增加目标函数值连续无改善次数，不能排除目标函数值仍有改善的可能，但最优解应在目标函数值与计算成本之间取得平衡。根据这个例子，为得到目标函数值 Q=3.2124 的最优解，目标函数值连续无改善次数需要 1100 次以上，总搜索次数在 60 万次以上，计算时间超过 7 小时 25 分钟，是可以接受的。

2）最优采伐方案

最优解所对应的采伐方案就是最优采伐方案。最优采伐方案包括最优采伐木信息（表 8-8，图 8-6）和采伐前后森林结构的变化（表 8-9）。

表 8-8　最优采伐木信息

林木号	树种	树木基部坐标/m		胸径/cm	树高/m	冠幅/m	材积/m^3
		X	Y				
88	紫椴	4.9	34.4	57.1	21.0	5.4	2.4929
102	冷杉	31.2	32.3	45.6	20.3	2.3	1.7664
93	枫桦	13.0	31.8	28.5	17.0	3.1	0.5512
34	冷杉	11.0	18.0	27.7	19.0	3.2	0.5272
36	冷杉	19.9	12.3	34.2	23.4	3.3	0.8848
63	红松	40.8	26.9	28.9	18.0	3.1	0.5855
99	云杉	30.6	33.8	32.2	16.5	2.7	0.7638
94	冷杉	13.6	32.5	29.3	14.5	3.5	0.6057
83	紫椴	5.1	37.1	56.7	32.0	3.5	2.4563
40	冷杉	23.5	22.0	28.7	19.0	1.9	0.5755
6	云杉	42.2	7.6	56.0	26.0	2.6	2.8611
22	紫椴	10.3	0.5	53.4	27.2	4.0	2.1643
72	紫椴	29.4	24.4	26.8	17.1	2.7	0.4798
37	红松	20.7	15.3	33.0	18.2	5.0	0.8110
46	紫椴	29.8	11.6	20.3	11.0	2.4	0.2536
86	紫椴	5.1	36.2	43.8	21.0	2.4	1.4179
合计							19.1970

表 8-8 记录了最优采伐林木号、树种、坐标、胸径、树高、冠幅和材积等调查因子。共采伐 16 株林木：2 株红松、2 株云杉、5 株冷杉、6 株紫椴、1 株枫桦。采伐总蓄积为 19.197m^3。

图 8-6 显示采伐木在样地中的位置。横轴表示样地横边，纵轴表示样地纵边。图 8-6 用冠幅表示林木大小，不同颜色表示不同树种，采伐木标注林木号。因此，该模型可以精确定位每一株采伐木。

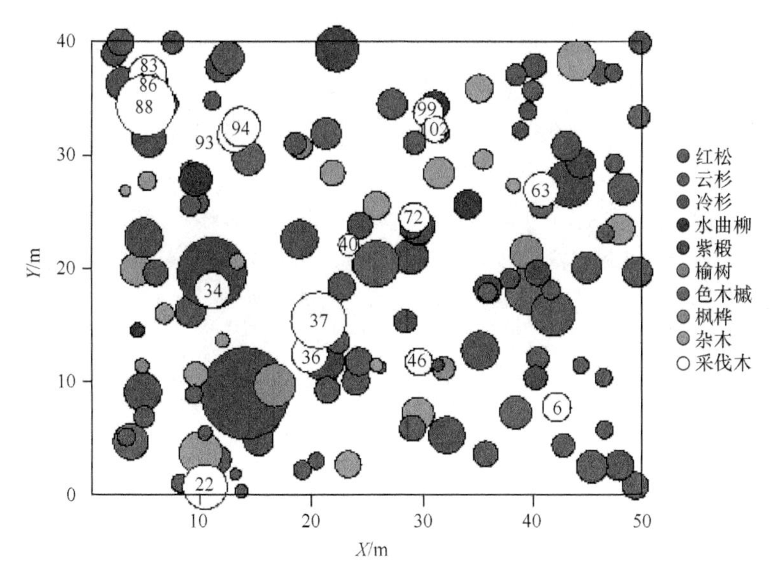

图 8-6　最优采伐木位置图（彩图请扫封底二维码）
圆的直径表示林木冠幅；图中数字表示采伐木的林木号

表 8-9　采伐前后森林结构参数变化

参数	伐前	伐后	变化趋势	空间结构改善幅度/%
径阶数	17	17	不变	
树种数	9	9	不变	
树种多样性指数	1.9175	1.9195	增大	
倒“J”形分布的 q 值	1.1535	1.1517	减小	
建群种优势度	51.63	52.84	增大	
树种多样性混交度	0.6619	0.6802	增大	+2.76
树种多样性混交度标准差	0.2254	0.1842	减小	
竞争指数	3.8046	2.2933	减小	−39.72
竞争指数标准差	4.0101	2.1630	减小	
大树聚集指数	1.0650	1.1378	增大	+6.84
大树聚集指数标准差	0.5421	0.4600	减小	
全林聚集指数	0.9258	0.9509	增大	+2.71
全林聚集指数标准差	0.5410	0.5449	增大	
目标函数值	0.6471	3.2124	增大	+396.43
蓄积量/m^3	105.2058	86.0088		
生长量/（m^3/a）	19.3950			
采伐量/m^3	19.1970			
采伐强度/%	18.2471			

从表 8-9 可见，在非空间结构方面，径阶数和树种数均未减少，树种多样性指数和建群种优势度都增大，比伐前均有所改善，倒“J”形分布的 q 值在给定合理范围（1.15～1.5）内。在空间结构方面，树种多样性混交度、大树聚集指数和全林聚集指数都增大。而竞争指数减小，竞争指数减小幅度较大，达 39.72%，说明采伐能显著降低林分竞争水平。林分整体空间结构的稳定性普遍增强。可见，在采伐后，树种之间的隔离程度增加；林木之间的间距增大，趋向均匀，在距离尺度为 1.5～3m 时均匀程度提高较大（比较图 8-7 和图 8-8）；林木之间的竞争强

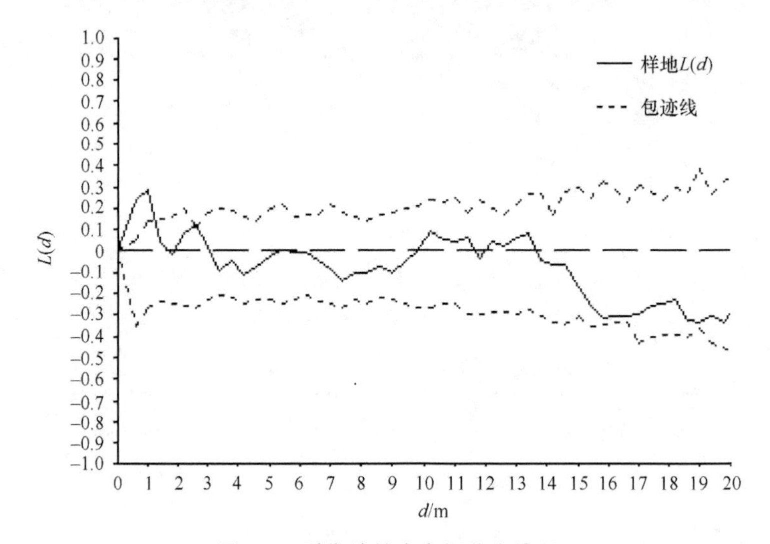

图 8-7　采伐前林木空间分布格局

d 表示距离；$L(d)$表示 Ripley's $K(d)$函数的线性变换值，图 8-8 同

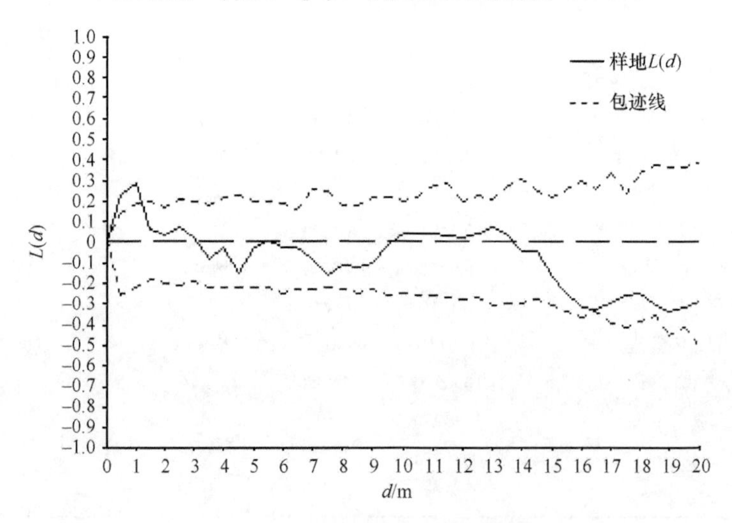

图 8-8　采伐后林木空间分布格局

度降低；采伐量未超过生长量，采伐强度仅为 18.2471%；林分空间结构总目标函数值比伐前提高 396.43%（采伐前后林木分布对比如图 8-9 所示）。因此，该采伐方案最大限度地改善了林分空间结构，不破坏非空间结构，采伐量严格控制在生长量之内。经多方面综合分析，确定此方案为最优采伐方案，可以作为制定采伐计划的依据。

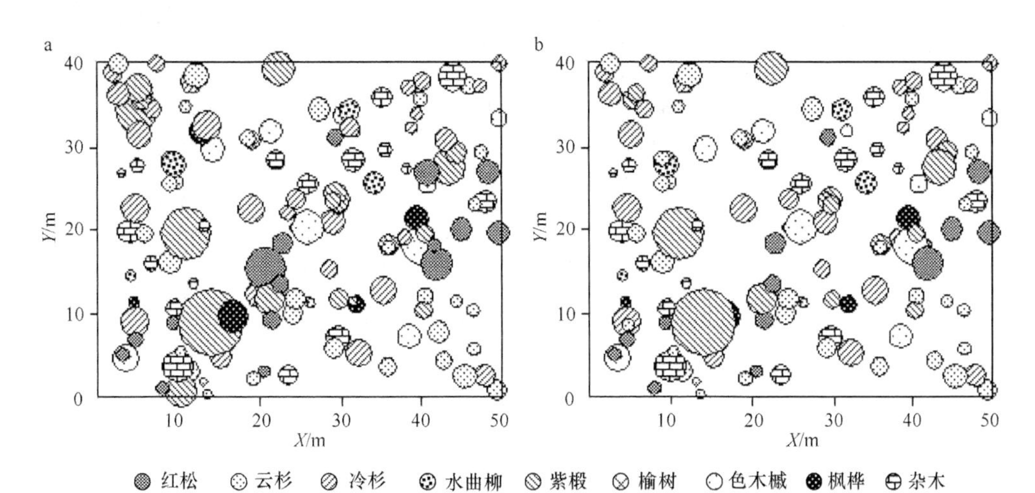

图 8-9　采伐前后林木分布对比

a. 伐前林木分布；b. 伐后林木分布。圆的直径表示林木冠幅

8.2.6　小结

（1）从系统结构决定功能的观点出发，提出以空间结构为目标函数，非空间结构为主要约束，建立森林空间结构优化调控模型的新方法，突破传统的功能建模思想局限性。模型集成了现代森林经理学、近自然林业、森林生态系统可持续经营、生物多样性保护和计算机技术。

（2）林分空间结构包括多个方面，本研究选取混交、竞争与空间分布格局 3 个方面作为子目标。主要以非空间结构（包括林分结构多样性、生态系统进展演替和采伐量不超过生长量）作为约束条件，同时综合考虑 3 个方面空间结构质量不降低。决策变量是单株树木的采伐（0）与否（1）的整数变量。所以，森林空间结构优化调控模型必然是一个非线性多目标整数规划问题。

（3）Monte Carlo 检验法是求解的可行方法之一。Monte Carlo 检验法求解非线性多目标整数规划问题是以大量搜索为基础的。最优解的确定以目标函数值基本稳定为评价标准。

（4）被研究异龄林的倒“J”形分布的 q 值小于德莱奥古所确定的范围 1.2～1.5 的下限，q 值偏低。说明该林地立地质量较高，可以支撑较宽的直径分布范围。

根据这一结果，适当调整 q 值范围为 1.15～1.5，否则可能无解。

（5）实现传统的检查法与空间结构优化相结合。

（6）模型求解得到最优采伐方案，采伐木包括 88 号、102 号、93 号、34 号、36 号、63 号、99 号、94 号、83 号、40 号、6 号、22 号、72 号、37 号、46 号和 86 号，共 16 株。采伐量没有超过生长量，采伐强度仅为 18.2471%。伐后的空间结构得到改善，非空间结构未被破坏。最优采伐方案提供了精确的优化决策信息，是科学经营的依据。

正如于政中（1993）所指出的，在一次采伐中一般不能获得完全调整好的由 q 值所确定的最佳曲线。森林空间结构也必须通过多次调整才能趋于理想状态。在调整中，重视经营过程和经营措施对空间结构产生的影响，避免对森林结构的不良干扰，如减少径阶数、降低树种多样性等。

模型中的大多数约束是针对森林生态系统结构多样性与稳定性设置的，更适用于生态公益林。模型没有直接涉及经济效益分析，除非商品林经营同样强调空间结构，否则对关注投资效益的商品林不能直接使用。对兼有重要生态意义的商品林，以经济效益为目标，以空间结构或非空间结构为约束，同样可以建立类似的空间优化调控模型。

对明显不具有培育前途的林木，如病虫害或火干扰后的残留木以及确无保留价值的过熟木，最好把它们排除在优化之外。因为，我们事先就知道它们无须优化。

该模型的建模思想是开放和灵活的，一切有利于森林可持续经营的研究成果（如有关火灾和病虫害控制、水土流失、美学和动植物保护等的研究成果）随时都可以纳入该模型。

森林空间结构优化调控一般模型最重要的信息是林木的空间位置。如果能通过高分辨遥感影像确定林木位置及生长状况，则可大幅度减少外业工作量，使模型更具有实用性。通过高分辨率遥感影像获取丰富的空间信息，再与森林空间结构分析理论相结合，将成为低成本、高效率、大区域森林可持续经营的空间途径。

8.3 常绿阔叶林空间结构的优化调控模型

常绿阔叶林是我国亚热带典型的植被类型，具有复杂的森林结构，是树种最丰富的森林类型之一。因此，研究常绿阔叶林的空间结构调控对揭示常绿阔叶林结构复杂性，调整不合理结构，制定经营和保护措施具有重要意义。以浙江天目山国家级自然保护区常绿阔叶林为研究对象，基于 GIS 空间分析功能，建立常绿阔叶林空间结构优化调控模型，模型目标函数是空间结构，非空间结构作为主要约束条件，模型属于非线性整数规划，采用 Monte Carlo 检验法求解最优采伐方案，旨在为常绿阔叶林可持续经营提供依据。

8.3.1　模型的建立

8.3.1.1　目标函数的确定

森林空间结构包括混交、竞争与空间分布格局 3 个方面。相应地，有 3 个空间结构子目标，所以模型是一个多目标规划问题。研究表明，理想的森林空间结构目标是林木均匀分布、高混交度和低竞争强度（汤孟平等，2004b）。采用乘除法（《运筹学》教材编写组，1990）综合各空间结构指数得到模型目标函数，即全混交度与聚集指数的乘积除以竞争指数。为消除量纲影响，各空间结构指数分别除以伐前空间结构指数。

8.3.1.2　约束条件的设置

主要根据森林非空间结构设置约束条件，包括林木大小多样性、树种多样性、生态系统进展演替和采伐量不超过生长量。同时，要求采伐后森林空间结构质量不降低。

1）林木大小多样性约束

林木大小多样性可用径阶多样性和株数按径阶的倒“J”形分布描述。以采伐后不减少径阶个数作为径阶多样性的约束条件。采伐后保持株数按径阶形成倒“J”形分布作为林木大小多样性分布形式的约束条件。

美国林学家迈耶在 1952 年发现异龄林株数按径阶的倒“J”形分布可用负指数分布表示（于政中，1993；García Abril *et al.*，1999），公式见式（8-3）。胡希把 q 值与负指数分布联系起来，得到两个相邻径阶株数之比的计算公式，见式（8-4）。

已知现实异龄林株数按径阶的分布，通过对式（8-3）作回归分析，就可以求出常数 k 和 a，把 a 和径阶宽度 h 代入式（8-4）求得 q 值。q 值一般在 1.15～1.5（于政中，1993；García Abril *et al.*，1999；汤孟平等，2004b）。如果现实异龄林的 q 值落在这个区间内，则认为该异龄林的株数分布是合理的，否则是不合理的。可用保留木株数按径阶分布的 q 值原则，建立林分择伐后对径阶分布的约束条件。

2）树种多样性约束

树种多样性约束是为满足生物多样性保护要求而设置的。树种多样性约束包括两个条件：①树种多样性 Shannon-Wiener 多样性指数不降低；②树种个数不减少，防止人为造成树种消失。

3）群落进展演替约束

优势树种是森林群落各个层片中数量最多、盖度最大、群落学作用最明显的种，对群落结构和功能有十分重要的影响。在乔木层，优势树种又称为建群树种，是森林群落的主要建造者（孙儒泳等，2002）。以乔木层优势树种蓄积比例表示优势度。在森林空间结构优化调控模型中，引入优势树种的优势度不降低的约束，以维持森林群落进展演替趋势。

4）采伐量不超过生长量约束

按照检查法用生长量控制采伐量思想确定采伐量约束，即生长量是采伐量的最高限额。此约束有利于长期维持林地生产力，以便持续获得木材。检查法计算生长量的公式（亢新刚，2001）为

$$Z = M_2 - M_1 + C \tag{8-7}$$

式中，Z 为林分蓄积定期生长量（m^3）；M_2 为期末调查林分蓄积（m^3）；M_1 为期初调查林分蓄积（m^3）；C 为期初到期末期间林分采伐量（m^3）。

5）空间结构状况不低于伐前水平

采伐后，不降低现有空间结构质量。

8.3.1.3 模型

把目标函数与约束条件结合起来，就得到常绿阔叶林空间结构优化调控模型，属于非线性整数规划模型。

目标函数：

$$Q(x) = \frac{\dfrac{\mathrm{Mc}(x)}{\mathrm{Mc}_0} \cdot \dfrac{R(x)}{R_0}}{\dfrac{\mathrm{CI}(x)}{\mathrm{CI}_0}} \tag{8-8}$$

约束条件：

（1）$d(x)=D_0$

（2）$1.15 \leqslant q(x) \leqslant 1.5$

（3）$s(x)=S_0$

（4）$t(x) \geqslant T_0$

（5）$f(x) \geqslant F_0$

（6）$c(x)=v \cdot (\mathbf{1}-x)^{\mathrm{T}} \leqslant Z$

（7）$\mathrm{Mc}(x) \geqslant \mathrm{Mc}_0$

（8）$R(x) \geqslant R_0$

（9）$\mathrm{CI}(x) \leqslant \mathrm{CI}_0$

式中，

$\mathrm{Mc}(x)$为林分全混交度。对象木 i 的全混交度 $\mathrm{Mc}_i(x)=\dfrac{1}{2}\left(D_i+\dfrac{m_i}{n_i}\right)\cdot\dfrac{1}{n_i}\sum_{j=1}^{n_i}v_{ij}$，$\mathrm{Mc}_i(x)\in[0, 1]$，$n_i$ 为基于 Voronoi 图确定的最近邻木株数，m_i 为对象木 i 的最近邻木中成对相邻木非同种的个数，$\dfrac{m_i}{n_i}$ 表示最近邻木隔离度，D_i 为空间结构单元的 Simpson 多样性指数，表示树种分布均匀度，$D_i=1-\sum_{j=1}^{s_i}p_j^2$，$D_i\in[0, 1]$（当只有 1 个树种时，$D_i$=0；当有无限多个树种且株数比例均等时，$D_i$=1），$p_j$ 为空间结构单元中树种 j 的株数比例，s_i 为空间结构单元的树种数，$\mathrm{Mc}(x)=\dfrac{1}{N(x)}\sum_{i=1}^{N(x)}\mathrm{Mc}_i(x)$，$N(x)$为矫正样地林木株数（下同），$v_{ij}=\begin{cases}1 & \text{当对象木}i\text{与最近邻木}j\text{属不同树种}\\ 0 & \text{当对象木}i\text{与最近邻木}j\text{属同一树种}\end{cases}$；

$\mathrm{CI}(x)$为林分竞争指数（Hegyi，1974），$\mathrm{CI}(x)=\dfrac{1}{N(x)}\sum_{i=1}^{N(x)}\mathrm{CI}_i(x)$，$\mathrm{CI}_i(x)=\sum_{j=1}^{n_i}\dfrac{d_j}{d_i\cdot L_{ij}}$，其中，$\mathrm{CI}_i(x)$为对象木 i 的竞争指数，L_{ij} 为对象木 i 与竞争木 j 之间的距离，d_i 为对象木 i 的胸径，d_j 为竞争木 j 的胸径；

$R(x)$为林分聚集指数（Clark and Evans，1954），$R(x)=\dfrac{\dfrac{1}{N(x)}\sum_{i=1}^{N(x)}r_i}{\dfrac{1}{2}\sqrt{\dfrac{F}{N(x)}}}$，$r_i$ 为林木 i 到最近邻木的平均距离，F 为样地面积；$N(x)$是样地内林木总株数；

Mc_0 为伐前林分全混交度；

CI_0 为伐前林分竞争指数；

R_0 为伐前林分聚集指数；

$d(x)$为伐后保留木径阶个数；

D_0 为伐前径阶个数；

$q(x)$为伐后 q 值；

$s(x)$为伐后树种数；

S_0 为伐前树种数；

$t(x)$为树种多样性指数，$t(x)=-\sum_{i=1}^{s(x)}p_i\ln p_i$，其中，$p_i$ 为树种 i 的频率；

T_0 为伐前树种多样性指数；

$f(x)$为建群种的优势度；

F_0为建群种的伐前优势度；

$c(x)$为采伐量（m^3）；

T 表示向量转置；

Z为林分生长量（m^3/a）；

v为林木单株材积向量（m^3），$v=(v_1, v_2, \cdots, v_N)$；

1 为以 1 为元素的行向量，$\mathbf{1}=(1, 1, \cdots, 1)$；

x为决策向量，$x=(x_1, x_2, \cdots, x_N)$，$x_i=\begin{cases}1 & 保留林木i \\ 0 & 采伐林木i\end{cases}$，$i=1, 2, \cdots, N$；$N$为样地林木总株数（株）。

目标函数取最大值。约束（1）表示林分采伐后，径阶个数不减少；约束（2）表示保持株数按径阶形成倒“J”形分布；约束（3）表示林分采伐后树种数不减少；约束（4）表示林分采伐后，树种多样性指数不降低；约束（5）表示伐后优势树种的优势度不降低；约束（6）表示采伐量不超过生长量；约束（7）～（9）是初始空间结构约束；决策向量x的每一个分量取值均为 0 或 1。

8.3.2 模型求解方法

由于模型的决策变量是 0、1 型整数变量，属于整数组合优化问题，用穷举法难以求解，可采用 Monte Carlo 检验法求解此类问题（汤孟平等，2004b）。Monte Carlo 检验法是根据随机抽样的原理，首先利用计算机高级语言所提供的随机数函数对组合优化问题的可行点进行快速随机抽样，然后经过对大量样本点的目标函数值进行比较筛选，找出全体样本点中目标函数值最优点，并将该点视作原问题最优解的一个近似解或次优解。Monte Carlo 检验法求解的算法步骤如下。

（1）读取样地数据，决策向量（x）。

（2）计算采伐控制参数：起始采伐直径 D、生长量 Z，最大搜索次数 U_0=20 000 次。

（3）计算初始结构参数：D_0、S_0、F_0、T_0、M_0、CI_0、R_0，初始最优目标函数值 Q^*=1，搜索次数 U=0。

（4）在生长量和起始采伐直径控制下，随机选取采伐林木，确定决策向量 x。

（5）计算非空间结构参数：$d(x)$、$q(x)$、$s(x)$、$t(x)$、$f(x)$、$c(x)$。

（6）如果至少有一个约束条件不成立，则转至步骤（12）；否则，转至步骤（7）。

（7）生成 Voronoi 图，计算空间结构指数：$Mc(x)$、$CI(x)$、$R(x)$。

（8）如果至少有一个空间结构质量降低，则转至步骤（12）；否则，找到一个可行解，转至步骤（9）。

（9）计算可行解的目标函数值 $Q(x)$。

（10）如果 $Q(x)>Q^*$，则转至步骤（11）；否则，转至步骤（12）。

（11）保留此可行解为当前最优解，$x^*=x$，$Q^*=Q(x)$。

（12）搜索次数：$U=U+1$。

（13）如果 $U>U_0$，转至步骤（14）；否则，转至步骤（4）。

（14）输出最优解：x^*、Q^*，结束。

根据以上算法绘出流程图（图 8-10）。采用 GIS 二次开发语言编制出计算程序。

8.3.3　空间结构单元与边缘矫正

空间结构单元是森林空间结构分析的基本单位，它由对象木和最近邻木组成。对象木是样地内任意一株树木。最近邻木采用基于 GIS 的 Voronoi 图分析方法确定（汤孟平等，2007a，2009）。为消除样地边缘影响，采用缓冲区方法进行边缘矫正，样地每条边向固定样地内部水平距离 10m 的范围作为缓冲区。在样地中，除缓冲区外的其余部分称为矫正样地，矫正样地大小为 80m×80m。在计算空间结构指数时，仅把矫正样地内的树木作为对象木。

8.3.4　研究区与样地调查

2005 年，在浙江天目山国家级自然保护区内，选择典型的常绿阔叶林，设置 100m×100m 的固定样地。采用相邻网格调查方法，把固定样地划分为 100 个 10m×10m 的调查单元。在每个调查单元内，对胸径≥5cm 的树木进行每木调查。用南方 NTS355 型全站仪测定每株树木基部的三维坐标（X, Y, Z），同时测定树木胸径、树高、枝下高、冠幅、年龄等因子。2010 年，对固定样地进行复测。把两次外业数据录入计算机，建立数据文件，为模型建立和求解做准备。

8.3.5　模型参数的确定

模型求解之前，首先要确定模型参数。该模型共有 8 个参数：伐前径阶数（D_0）、树种数（S_0）、树种多样性指数（T_0）、优势树种优势度参数（F_0）、生长量参数（Z）和 3 个伐前空间结构参数。这些参数均为约束条件的右端项。除计算生长量需要两次调查结果外，其他参数均根据期末调查（2010）结果确定。

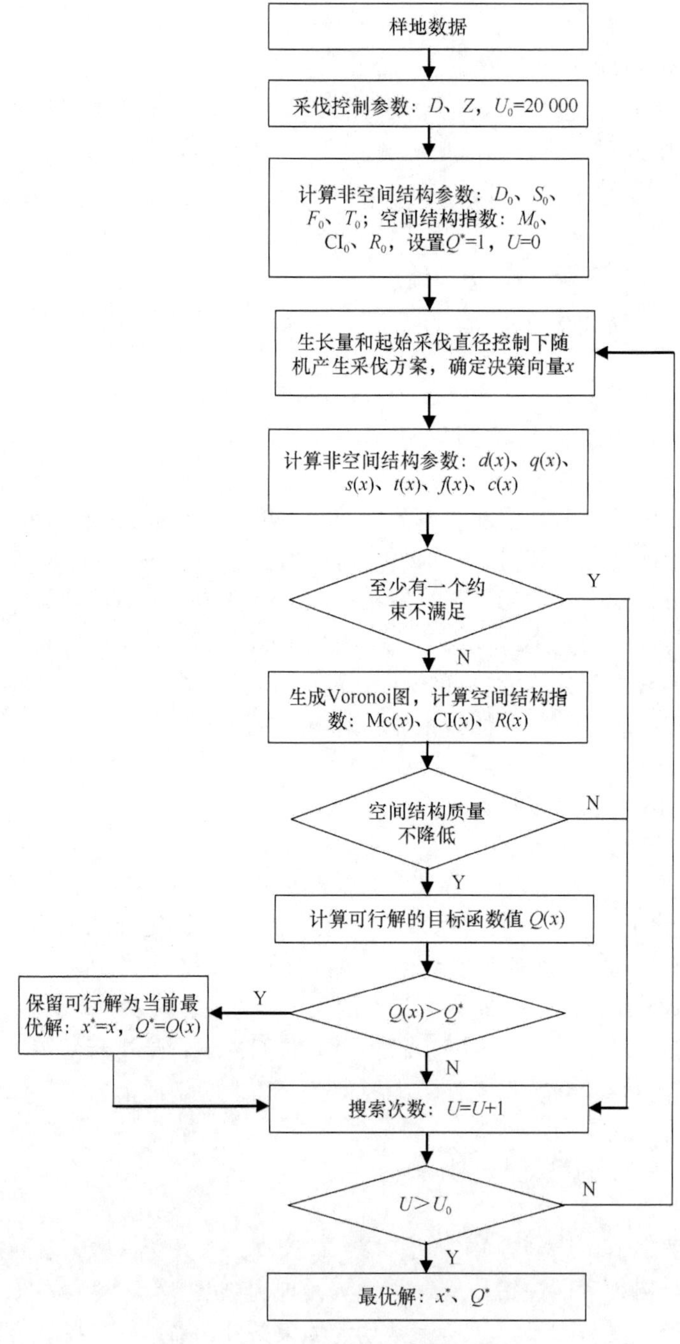

图 8-10 Monte Carlo 检验法流程图

8.3.5.1　伐前径阶数的确定

根据期末调查（2010），活立木共 1740 株，株数按径阶分布见表 8-10。可见，伐前径阶数 D_0=26。

表 8-10　样地株数按径阶分布

径阶	株数	径阶	株数
6	557	32	19
8	272	34	12
10	183	36	20
12	140	38	12
14	106	40	8
16	89	42	6
18	62	44	4
20	51	46	1
22	50	48	6
24	45	50	3
26	30	56	2
28	40	74	1
30	20	84	1

8.3.5.2　树种数和树种多样性参数的确定

根据标准内胸径≥5cm 的树木统计，共有树种 74 种，即伐前树种个数 S_0=74。树种多样性指数 T_0=3.0577。

8.3.5.3　优势度参数的确定

根据调查，在常绿阔叶林中，细叶青冈、短尾柯、青冈、小叶青冈（*Cyclobalanopsis myrsinifolia*）和豹皮樟等 5 个常绿阔叶树种的蓄积量占样地总蓄积量的比例为 32.5289%（表 8-11），且平均每个常绿树种蓄积量占总蓄积量的比例为 6.5058%，约为全林平均每个树种蓄积量占总蓄积比例的 5 倍，说明这 5 个常绿阔叶树种在群落中优势地位明显。因此，确定这 5 个树种为常绿阔叶林的优势树种，保持这 5 个常绿阔叶树种的优势度对维持群落稳定和系统进展演替具有重要作用。以这 5 个常绿阔叶优势树种蓄积量占比表示优势度，则伐前优势度 F_0=32.5289。

表 8-11　优势树种蓄积量及其占比

树种	蓄积量/m^3	占比/%
细叶青冈	127.9417	12.0992
短尾柯	81.6937	7.7256
青冈	67.7027	6.4025
小叶青冈	44.3479	4.1939
豹皮樟	22.2876	2.1077
上方 5 个树种小计	343.9736	32.5289
样地总计	1057.4405	100

8.3.5.4　生长量参数的确定

生长量参数的确定是为了制定采伐量限额。在最优采伐方案搜索过程中，考虑采伐木利用价值，规定采伐起始胸径为 10cm，同时要求采伐量不超过生长量。由于自然保护区内禁止采伐，所以调查间隔期内没有采伐量。因此，根据期末调查（2010）林分蓄积量和期初调查（2005）林分蓄积量，按式（8-7）计算生长量。计算得到生长量参数 Z=155.7814m^3。

8.3.5.5　伐前空间结构参数的确定

基于 Voronoi 图分析方法，计算伐前全混交度 M_0=0.5781，伐前林分竞争指数 CI_0=9.5055，伐前林分聚集指数 R_0=0.7659。

8.3.6　模型求解

把以上参数代入模型，基于 GIS 编制计算程序。求解算法采用 Monte Carlo 检验法。理论上，Monte Carlo 检验法可以求得最优解。实际上，由于计算时间限制，通常只需要找到近似解或次优解。设置最大搜索次数（U_0），记录每个可行解的目标函数值。结果表明，随着搜索次数的增加，可行解的目标函数值有较大波动。当求解搜索次数达到 9085 次时，目标函数值达到最大值，确定此时解为次优解（图 8-11）。

8.3.7　结果与分析

8.3.7.1　最优采伐木

次优解所对应的采伐方案就是此次规划所确定的最优采伐方案（表 8-12，图 8-12）。表 8-12 记录了最优采伐方案中部分采伐木的林木号、树种、坐标、胸

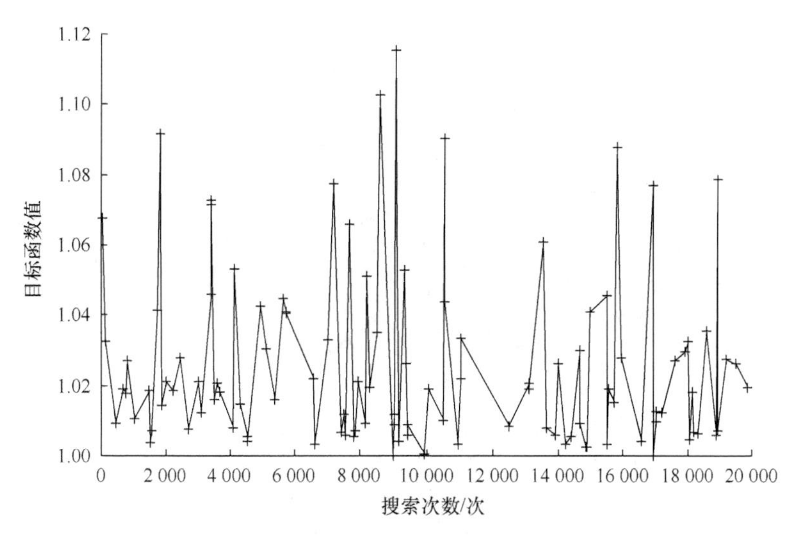

图 8-11　搜索次数与目标函数值的关系

表 8-12　最优采伐木信息

林木号	树种	树木基部坐标/m			胸径/cm	材积/m^3
		X	*Y*	*Z*		
126	细叶青冈	5.30	59.93	588.45	26.3	1.4829
168	榉树	1.37	74.50	590.30	24.1	1.2688
244	短尾柯	17.93	4.83	620.94	12.8	0.4058
262	细叶青冈	13.26	8.45	618.19	12.8	0.4058
275	杉木	14.28	22.78	610.71	27.0	3.3874
280	细叶青冈	12.76	29.36	607.98	13.0	0.4173
518	杉木	27.61	51.20	615.68	35.2	5.5513
540	细叶青冈	21.33	74.47	611.07	18.9	0.8206
561	短尾柯	23.84	81.30	609.01	14.2	0.4898
617	榧树	29.65	37.86	617.02	20.4	0.9413
⋮	⋮	⋮	⋮	⋮	⋮	⋮
1727	短尾柯	91.21	80.15	647.78	11.4	0.3288
合计						145.1690

径、材积等信息。图 8-12 为采伐木位置图，方框表示样地边界，圆表示冠幅，白色圆表示采伐木，不同彩色圆表示不同树种的保留木（仅列出部分树种图例）。可见，为优化调控森林空间结构，不同树种胸径≥10cm 的树木都有可能被采伐。

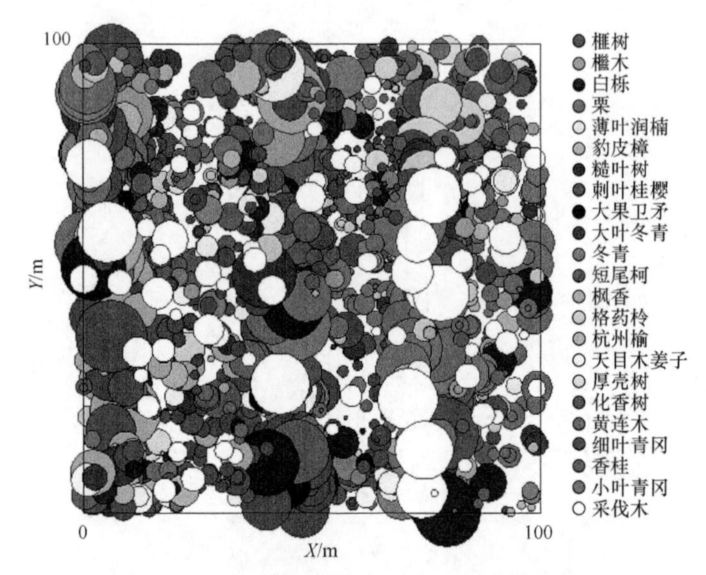

图 8-12　采伐木位置图（彩图请扫封底二维码）

8.3.7.2　采伐强度、空间结构指数与目标函数值的关系

分析采伐强度、空间结构指数与目标函数值的关系可以确定最优采伐强度。从图 8-13 可以看出，在非空间结构和初始空间结构条件约束下，随着采伐强度的增大，竞争指数减小，聚集指数和全混交度都增大，目标函数值均呈增大趋势。表明，在采伐量不超过生长量的前提下，各空间结构随采伐强度的增大都有所改善，进而提高森林空间结构目标函数值。当采伐强度＜10%时，由于存在较多满足条件的可行解，尽管目标函数值呈较快增长趋势，但各空间结构指数波动较大，使目标函数值也有较大变动。当采伐强度≥10%，但小于最大允许采伐强度 14.7319%时，目标函数值增幅减小且有稳定趋势。特别地，当采伐强度为 13.7326%时，目标函数值达到最大（1.1154）（图 8-13d）。按照这个采伐强度进行择伐，既不破坏非空间结构，又可调控常绿阔叶林空间结构至理想状态，可作为常绿阔叶林空间结构调控的最优采伐强度。

8.3.7.3　最优采伐前后的结构变化

根据最优采伐方案，采伐前后森林结构的变化见表 8-13。在非空间结构方面，径阶数未减少，树种数不变，树种多样性指数增大，优势树种优势度增大，采伐量不超过生长量。在空间结构方面，聚集指数和全混交度都增大。竞争指数减小，且减小幅度较大，达 6.0944%，说明采伐能显著降低森林竞争水平。森林空间结构目标函数值改善幅度最大，比伐前提高 11.5400%。因此，此采伐方案既可最大限度地改善森林空间结构，又不破坏非空间结构，此方案可作为制定采伐计划的依据。

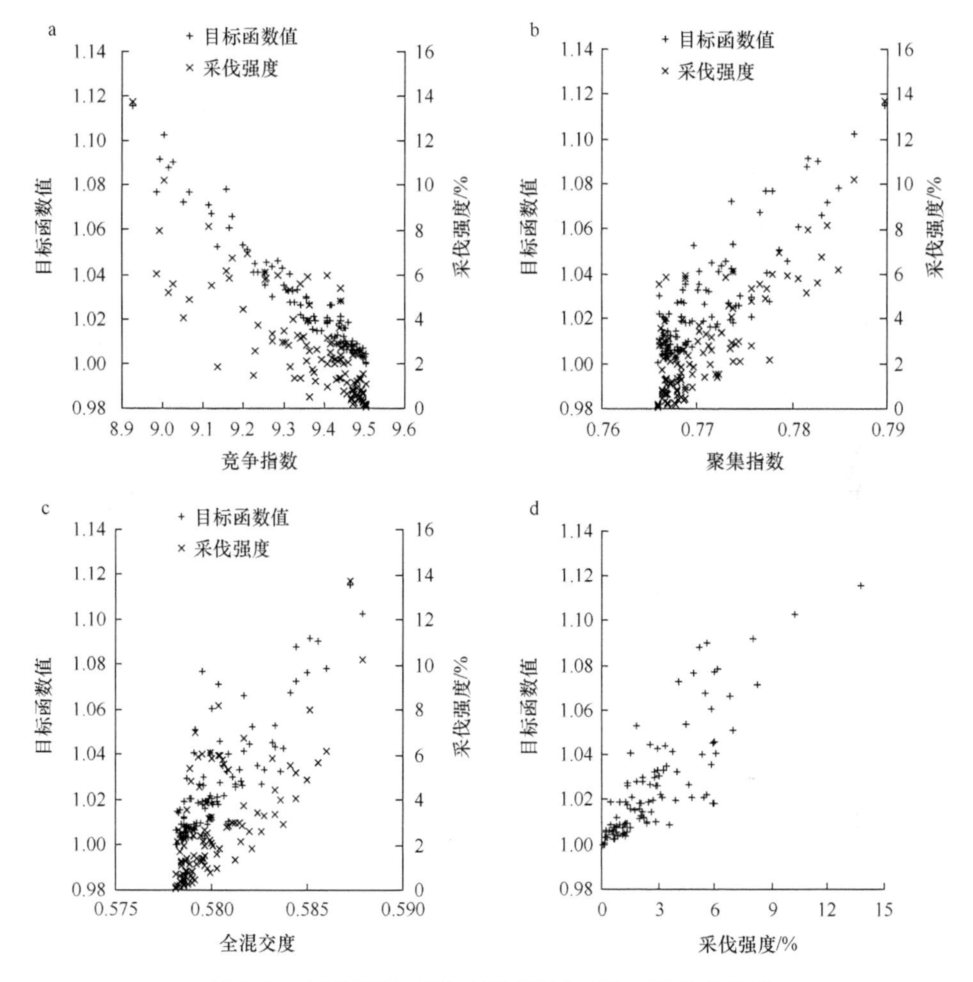

图 8-13　采伐强度、空间结构指数与目标函数值的关系

表 8-13　采伐前后森林结构的变化

参数	伐前	伐后	变化趋势	结构变化幅度/%
径阶数	26	26	不变	
树种数	74	74	不变	
树种多样性指数	3.0577	3.0602	增大	+0.0818
优势树种优势度	0.3246	0.3259	增大	+0.4005
竞争指数	9.5055	8.9262	减小	–6.0944
全林聚集指数	0.7659	0.7898	增大	+3.1205
全混交度	0.5781	0.5872	增大	+1.5741
目标函数值	1.0000	1.1154	增大	+11.5400
蓄积量/m^3	1057.4405			

续表

参数	伐前	伐后	变化趋势	结构变化幅度/%
生长量/m^3	155.7814			
采伐量/m^3	145.1690			
采伐强度/%	13.7283			
采伐量占生长量的比例/%	93.1876			

8.3.8 小结

（1）以空间结构为目标，非空间结构为主要约束条件，基于 GIS 空间分析功能，建立常绿阔叶林空间结构优化调控模型，对空间结构调控进行模拟研究，模型采用 Monte Carlo 检验法求解。此研究可为常绿阔叶林空间结构优化调控探索出新的途径。

（2）在非空间结构和初始空间结构条件约束下，森林空间结构目标函数值随采伐强度增大，呈先增长后趋于稳定的特征。过低的采伐强度（＜10%）使空间结构目标函数值产生较大的波动，不利于空间结构优化调控。调控常绿阔叶林空间结构至理想状态的最优采伐强度为 13.7326%。

（3）通过常绿阔叶林空间结构优化调控模型求解得到最优采伐方案。按照该采伐方案优化择伐，森林空间结构目标函数值比伐前提高 11.5400%，最大限度地改善了森林空间结构，又不破坏非空间结构，该采伐方案可作为制定采伐计划的依据。

本研究通过森林空间结构优化调控模拟，明显改善了常绿阔叶林的空间结构。实际上，森林空间结构必须通过多次调整才能趋于理想状态（汤孟平等，2004b）。因此，应对常绿阔叶林进行定期调查，掌握森林生长动态，并制定空间结构优化调控方案，逐步把森林导向最优的结构状态，实现常绿阔叶林可持续经营。

森林具有多维结构，择伐是森林结构调整的有效措施（亢新刚，2001）。研究发现，择伐强度过小（＜10%）对常绿阔叶林空间结构改善作用不大。由于常绿阔叶林物种丰富，结构复杂，采伐强度过大，又极容易破坏非空间结构，出现模型不可行解。因此，常绿阔叶林空间结构优化实质上是寻求最大限度地改善森林结构与保护森林结构之间的平衡点。在常绿阔叶林经营过程中，必须控制采伐强度在适当水平，以便改善森林结构。

8.4 毛竹林空间结构优化调控模型

毛竹具有生长快、成材早、经济价值高的特点，是我国南方集体林区林农的重要经济来源。近年来的研究还表明，毛竹具有较强的固碳能力，对气候变化具有不可低估的作用（周国模和姜培坤，2004；漆良华等，2009；肖复明等，2010）。我国是毛竹主产国，有毛竹林面积 467.78 万 hm^2，约占全国竹林面积（641.16 万 hm^2）的 73%（国家林业和草原局，2019）。因此，科学经营管理毛竹林不仅对促进我国毛竹产区经济发展具有十分重要的现实意义，而且对保护生态环境具有重要作用。

为提高毛竹林经营管理水平，毛竹林结构一直是研究的焦点。陈存及（1992）认为，毛竹林合理的立竹度为 2700～3000 株/hm^2。毛竹林合理的年龄结构则是Ⅰ度、Ⅱ度、Ⅲ度、Ⅳ度、Ⅴ度（龄级）株数比例为 1∶1∶1∶1∶1 或 1∶2∶2∶2∶1（郑郁善和洪伟，1998）。也有人认为，保持毛竹林Ⅰ度、Ⅱ度、Ⅲ度、Ⅳ度竹比例为 3∶3∶3∶1 比较合适（何家祥，2000；卢义山等，2003；胡裕玉，2005；吴丰军，2006；徐清乾等，2009）。毛竹混交林在维持毛竹生产力、保持水土、抑制病虫害发生等方面优于毛竹纯林（黄衍串和曾宪玮，1993；胡喜生等，2005）。说明，立竹度、年龄结构和树种组成等是毛竹林的重要结构因子。但是，应当注意，这些结构均属于非空间结构。事实上，森林空间结构是森林生长过程的驱动因子，对森林未来的发展具有决定性作用（Pretzsch，1997）。因此，近年来毛竹林空间结构（包括毛竹竞争、分布格局和年龄隔离度等）开始受到关注（黄丽霞等，2008；邓英英等，2011）。并且，汤孟平等（2011）已揭示了毛竹林高产的空间结构特征：较高的聚集度和年龄隔离度，以及较低的竞争强度等。然而，现实中毛竹林的空间结构往往是不合理的，如何以改善空间结构为目标，结合非空间结构要求，调控毛竹林空间结构，使之趋于合理状态，这是值得研究的问题。

以浙江天目山国家级自然保护区少受干扰的毛竹林为研究对象，基于 GIS 空间分析功能，建立毛竹林空间结构优化调控模型，模型目标函数是空间结构，主要约束条件是非空间结构，模型属于非线性整数规划，采用 Monte Carlo 检验法求解。该模型是汤孟平等（2004b）建立的择伐空间优化模型在竹林的应用和发展，旨在为毛竹林空间结构优化调控提供依据。

8.4.1　模型的建立

8.4.1.1　目标函数的确定

毛竹林为异龄林，一般采用择伐的方式（张林生，1999）。择伐为毛竹林空间结构优化提供了可能。乔木林空间结构优化的目的是为保留木创造良好生长条件（汤孟平等，2004b）。与乔木林不同的是，毛竹林在竹笋长成新竹后，粗、高生长停止，竹组织也逐渐木质化（卢寅六，1998），因此择伐对保留竹生长影响并不大。

所以，毛竹林空间结构优化不是为择伐后的保留竹生长创造良好条件，而是为潜在新竹生长构建最优生长空间。

研究表明，较高的聚集度和年龄隔离度，以及较低的竞争强度有助于提高毛竹林生物量（汤孟平等，2011）。这些研究成果为确定毛竹林空间结构优化调控模型的目标函数奠定了基础。较高年龄隔离度和较低的竞争强度对减少最近邻竹对老竹或新竹的竞争压力都是有利的。较高的聚集度可以提高毛竹林生物量是针对老竹而言的，而对于潜在新竹则不然，老竹采伐后，保留竹维持均匀分布有利于新竹充分利用光能和营养空间，进而提高产量（郑蓉等，2001）。为此，采用乘除法（《运筹学》教材编写组，1990）综合各空间结构指数得到模型目标函数，即为年龄隔离度（汤孟平等，2011）与聚集指数（Clark and Evans，1954）的乘积除以竞争指数（Hegyi，1974）。为消除量纲影响，各空间结构指数分别除以伐前空间结构指数。因此，理想的空间结构目标是毛竹均匀分布、高年龄隔离度和低竞争强度。目标函数为

$$\max Q(x)=\frac{\dfrac{M(x)}{M_0}\cdot\dfrac{R(x)}{R_0}}{\dfrac{\mathrm{CI}(x)}{\mathrm{CI}_0}} \tag{8-9}$$

式中，$Q(x)$为目标函数；$M(x)$、$R(x)$和 $\mathrm{CI}(x)$分别为年龄隔离度、聚集指数和竞争指数（汤孟平等，2011）；M_0、R_0和 CI_0分别为伐前年龄隔离度、聚集指数和竞争指数；x 为决策向量，$x=(x_1, x_2, \cdots, x_N)$，如果采伐毛竹 i，则 $x_i=0$，如果保留毛竹 i，则 $x_i=1$，$i=1, 2, \cdots, N$，N 为毛竹总株数。

8.4.1.2 约束条件的设置

根据毛竹林非空间结构设置约束条件，包括合理龄级数、各龄级株数分布均匀度、采伐量不超过生长量和对象竹平均最近邻竹株数等约束。同时，要求采伐后毛竹林空间结构质量不降低。

1）合理龄级数不变

毛竹林经营应采取生态系统管理（陈存及，2004），维持系统年龄多样性，有助于提高新竹的年龄隔离度。因此，要求采伐后合理年龄结构的龄级数维持不变。约束条件为

$$S(x)=S_0$$

式中，$S(x)$为保留竹龄级数；S_0 为初始龄级数；x 为决策向量。

2）各龄级株数分布均匀度提高

毛竹林采伐后，各龄级株数分布均匀度提高。采用皮卢均匀度指数（Pielou 均匀度指数）描述各龄级株数分布均匀度（Pielou，1966）。约束条件为

$$E(x) > E_0 \tag{8-10}$$

式中，$E(x)$为保留竹 Pielou 均匀度指数，$E(x)=\dfrac{-\sum_{i=1}^{S} p_i \ln p_i}{\ln S}$，其中，$S$ 为龄级数，p_i 为第 i 龄级株数的比例（%）；E_0 为初始均匀度；x 为决策向量。

3）采伐量的控制

根据生长量和龄级结构调整相结合原则控制采伐量。以 I 度竹株数作为生长量控制指标，同时为了调整龄级结构，按各龄级平均株数限定采伐量。当 I 度竹株数大于各龄级平均株数时，各龄级平均株数＜采伐株数＜ I 度竹株数［式（8-11）］；当 I 度竹株数小于各龄级平均株数时，I 度竹株数＜采伐株数＜各龄级平均株数［式（8-12）］。约束条件为

$$G_{\mathrm{A}} < C(x) < G_{\mathrm{I}} \tag{8-11}$$

或

$$G_{\mathrm{I}} < C(x) < G_{\mathrm{A}} \tag{8-12}$$

式中，$C(x)$为优化择伐毛竹株数；G_{I} 为 I 度竹株数；G_{A} 为各龄级平均株数；x 为决策向量。

4）对象竹平均最近邻竹株数

根据汤孟平等（2011）研究，当对象竹有 4 株最近邻竹时，最有可能获得高产。因此，毛竹林采伐后，对象竹平均最近邻株数要求趋于 4，约束条件为

$$|n(x)-4| \leqslant |n_0-4| \tag{8-13}$$

式中，$n(x)$ 为对象竹平均最近邻竹株数；n_0 为初始对象竹平均最近邻竹株数；x 为决策向量。

5）空间结构状况不低于伐前水平

毛竹林采伐后，不降低现有空间结构质量

$$M(x) \geqslant M_0 \tag{8-14}$$

$$R(x) \geqslant R_0 \tag{8-15}$$

$$\mathrm{CI}(x) \leqslant \mathrm{CI}_0 \tag{8-16}$$

式中各符号同式（8-9）。

6）决策变量约束

决策向量 $x=(x_1, x_2, \cdots, x_N)$，第 i 决策变量取值为

$$x_i=\begin{cases}0 & \text{采伐毛竹}\, i \\ 1 & \text{保留毛竹}\, i\end{cases} \tag{8-17}$$

式中，$i=1, 2, \cdots, N$，N 为毛竹总株数。

8.4.1.3 模型的建立

把目标函数式（8-9）与约束条件式（8-10）～式（8-17）结合起来，就得到毛竹林空间结构优化调控模型。该模型属于非线性整数规划模型（略）。

8.4.1.4 模型求解

由于模型的决策变量是 0、1 型整数变量，属于整数组合优化问题，用穷举法难以求解，可采用 Monte Carlo 检验法求解此类问题（汤孟平等，2004b）。Monte Carlo 检验法是根据随机抽样的原理，首先利用计算机高级语言所提供的随机数函数对组合优化问题的可行点进行快速随机抽样，然后经过对大量样本点目标函数值的比较筛选，找出全体样本点中目标函数值最优点，并将该点视作原问题最优解的一个近似解或次优解。Monte Carlo 检验法求解的算法步骤如下。

（1）读取样地数据。

（2）计算采伐控制参数：G_{I}、G_{A}，最大搜索次数 U_0=20 000 次。

（3）初始结构参数：S_0、E_0、C_0、M_0、CI_0、R_0，初始最优目标函数值 Q^*=1，搜索次数 U=0。

（4）在优化择伐株数控制下，随机选取采伐毛竹，确定决策向量（x）。

（5）计算非空间结构参数：$S(x)$、$E(x)$。

（6）如果至少有一个约束条件不成立，则转至步骤（12）；否则，转至步骤（7）。

（7）生成 Voronoi 图，计算空间结构指数：$M(x)$、$\text{CI}(x)$、$R(x)$。

（8）如果至少有一个空间结构质量降低，则转至步骤（12）；否则，找到一个可行解，转至步骤（9）。

（9）计算可行解的目标函数值 Q。

（10）如果 $Q>Q^*$，则转至步骤（11）；否则，转至步骤（12）。

（11）保留此可行解为当前最优解，$x^*=x$，$Q^*=Q$。

（12）搜索次数 $U=U+1$。

（13）如果 $U>U_0$，转至步骤（14）；否则，转至步骤（4）。

（14）输出最优解：x^*、Q^*，结束。

8.4.2 空间结构单元与边缘矫正

毛竹林空间结构指数是各空间结构单元的平均值。空间结构单元是森林空间结构分析的基本单位，它由对象竹和最近邻竹组成。对象竹是样地内任意一株毛竹，最近邻竹采用基于 GIS 的 Voronoi 图分析方法确定（汤孟平等，2011）。为消除样地边缘影响，采用缓冲区方法进行边缘矫正，样地每条边向固定样地内部水平距离 5m 的范围作为缓冲区。在样地中，除缓冲区外的其余部分称为矫正样地，矫正样地大小为 40m×40m。当计算空间结构指数时，仅把矫正样地内的毛竹作为对象竹。

8.4.3 研究区与样地调查

在浙江天目山国家级自然保护区内，选择少受干扰的毛竹林，设置 50m×50m 的固定样地，固定样地海拔 840m，主坡向为南偏东 30°。采用相邻网格调查方法，把固定样地划分为 25 个 10m×10m 的调查单元。在每个调查单元内，对胸径≥5cm 的毛竹进行每木调查。用南方 NTS355 型全站仪测定每株毛竹基部的三维坐标（X, Y, Z），同时测定毛竹胸径、竹高、枝下高、冠幅、年龄、生长状态等因子。把外业数据录入计算机，建立数据文件，为模型建立和求解做准备。

8.4.4 模型初始参数

模型共有 6 个初始参数，包括合理龄级数、各龄级株数分布均匀度、采伐株数控制及 3 个初始空间结构指数（初始年龄隔离度、初始竞争指数、初始聚集指数）。

8.4.4.1 合理龄级数

毛竹林合理的龄级结构是Ⅰ度、Ⅱ度、Ⅲ度、Ⅳ度、Ⅴ度竹株数比例为 1∶1∶1∶1∶1（郑郁善和洪伟，1998）。根据该结论推断，毛竹林合理的龄级结构应当包含 5 个龄级，且各龄级株数相等。但本研究根据固定样地实际调查发现，毛竹林有 7 个龄级。说明，此龄级结构不合理。由于Ⅵ度、Ⅶ度毛竹风倒、折断、死亡和病虫害风险高，利用价值低，应全部伐除，所以不作为空间结构优化对象。因此，空间结构优化调控只考虑Ⅰ度～Ⅴ度毛竹（表 8-14）。按照龄级结构调整要求和采伐量不超过生长量原则，可采伐Ⅰ度～Ⅴ度的部分毛竹，但不能伐尽其中任何一个龄级，必须保持 5 个龄级，即合理龄级数 S_0=5。

表 8-14　各龄级株数情况

龄级	株数
Ⅰ度	309
Ⅱ度	158
Ⅲ度	197
Ⅳ度	413
Ⅴ度	109
合计	1186
平均	237

8.4.4.2 各龄级株数分布均匀度

毛竹林合理的龄级结构是株数按龄级均匀分布。因此，以毛竹林采伐前后，Ⅰ度～Ⅴ度毛竹株数分布均匀度是否提高作为龄级结构改善的衡量标准。根据本次调查结果（表 8-14），按Ⅰ度～Ⅴ度龄级计算，初始均匀度 E_0=0.9345。

8.4.4.3 采伐株数控制

采伐前，Ⅰ度毛竹株数 309 株，Ⅰ度～Ⅴ度毛竹平均株数 237 株。因此，符合约束条件式（8-11），优化择伐株数应满足 $237<C(x)<309$。

8.4.4.4 初始空间结构指数

基于 Voronoi 图分析方法，计算出毛竹林采伐前的空间结构指数：初始年龄隔离度 M_0=0.5276，初始竞争指数 CI_0=5.9178，初始聚集指数 R_0=0.8959。

8.4.5 模型求解

把以上参数代入模型，基于MapInfo和MapBasic二次开发语言编制计算程序。求解算法采用 Monte Carlo 检验法。理论上，Monte Carlo 检验法可以求得最优解。实际上，由于计算时间限制，通常只需要找到近似解或次优解。计算表明，虽然最大搜索次数设置为 20 000 次，实际上当搜索次数达到 17 173 次以后，目标函数值不再增加，确定此时的可行解为次优解（图 8-14）。

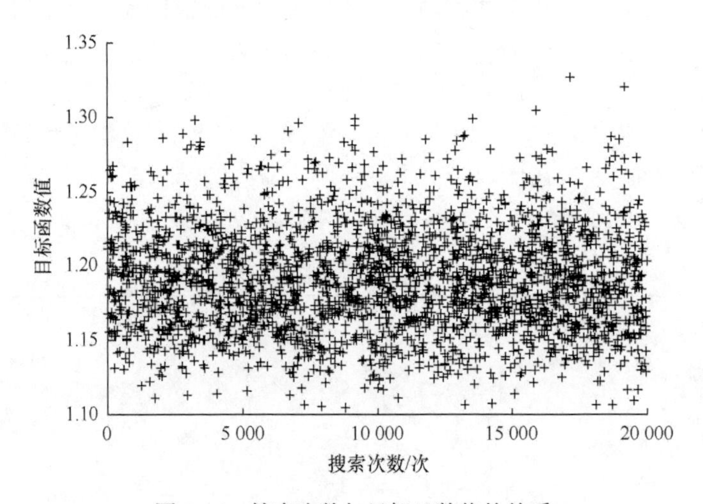

图 8-14 搜索次数与目标函数值的关系

8.4.6　结果与分析

次优解所对应的采伐方案就是此次规划所确定的最优采伐方案（表 8-15，图 8-15）。表 8-15 记录了最优采伐方案中部分采伐竹的编号、坐标、胸径、竹高、年龄等信息。图 8-15 显示了采伐竹在样地中的位置。图 8-15 中，*X* 为样地横边，*Y* 为样地纵边，不同颜色的实心圆表示保留竹，空心圆表示采伐竹。共采伐 301 株毛竹，其中，Ⅰ度竹 74 株，Ⅱ度竹 39 株，Ⅲ度竹 54 株，Ⅳ度竹 106 株，Ⅴ度竹 28 株。可见，为了优化调控毛竹林空间结构，各龄级毛竹都有可能被采伐（图 8-16）。

表 8-15　最优采伐竹信息

编号	竹基部坐标/m			胸径/cm	竹高/m	年龄/年
	X	*Y*	*Z*			
2	1.823	8.052	786.770	12.6	14.2	3
4	0.911	7.222	785.958	16.7	18.6	5
6	5.590	9.705	788.532	9.7	13.5	7
11	7.212	7.425	790.085	12.8	15.9	7
14	8.545	4.272	791.331	10.5	14.8	7
17	7.616	3.518	790.909	13.0	15.0	5
18	7.935	1.032	791.479	9.9	13.6	9
22	6.635	1.248	790.903	12.5	13.0	3
25	4.234	2.443	788.807	12.1	14.6	7
26	0.407	4.238	785.999	13.7	15.2	5
31	3.194	19.298	786.307	9.7	12.0	7
36	5.672	15.190	788.281	10.7	12.5	2
37	6.214	14.979	788.729	9.4	10.5	5
54	1.389	13.816	784.980	11.5	13.6	9
⋮	⋮	⋮	⋮	⋮	⋮	⋮
301	9.745	25.414	791.434	11.0	11.8	3

采伐前后林分结构变化见表 8-16。在非空间结构方面，合理龄级数未减少；株数分布均匀度增大；平均最近邻竹数减小；采伐量严格按照生长量和龄级结构调整相结合原则进行控制。株数分布均匀度和平均最近邻竹数改善幅度较小，这是由于模型目标是空间结构，非空间结构不是调整的重点。在空间结构方面，聚集指数和年龄隔离度都增大了。竞争指数减小，且减小幅度较大，达 16.9624%，说明采伐能显著降低林分竞争水平。林分空间结构目标函数值改善幅度最大，比伐前提高 32.6500%。因此，此采伐方案最大限度地改善了林分空间结构，又不破坏非空间结构，此方案可作为制定采伐计划的依据。

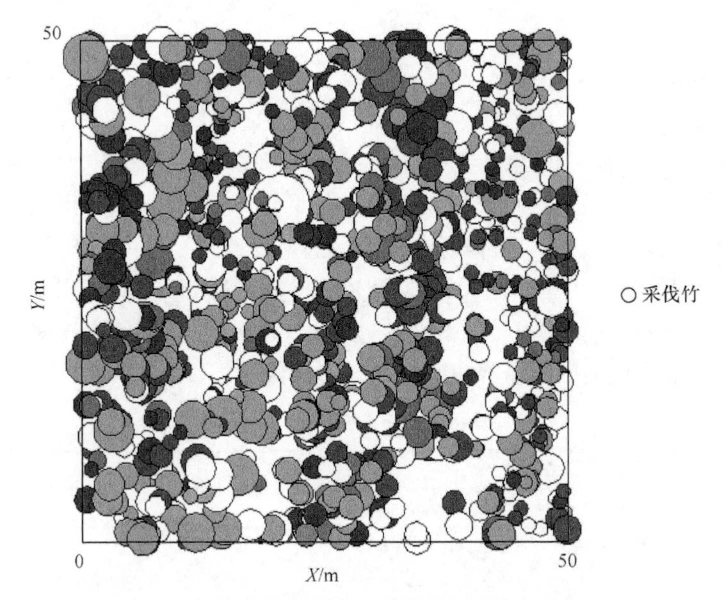

图 8-15　采伐竹位置图（彩图请扫封底二维码）

不同颜色的圆表示毛竹不同的年龄，圆的直径表示毛竹冠幅

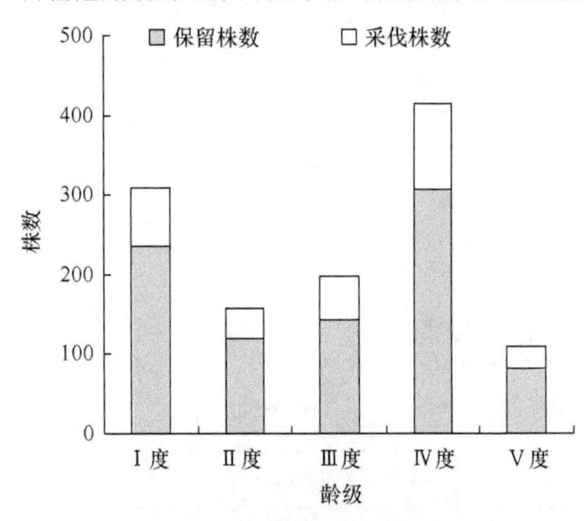

图 8-16　采伐株数和保留株数分布

表 8-16　采伐前后林分结构变化

参数	伐前	伐后	变化趋势	结构变化幅度/%
龄级数	5	5	不变	0.0000
株数分布均匀度	0.9345	0.9350	增大	+0.0535
平均最近邻竹数	6.0095	6.0093	减小	–0.0033
平均竞争指数	5.9178	4.9140	减小	–16.9624
聚集指数	0.8959	0.9297	增大	+3.7727
年龄隔离度	0.4860	0.5600	增大	+15.2263
目标函数值	1.0000	1.3265	增大	+32.6500

8.4.7　小结

（1）本研究以空间结构为目标，非空间结构为主要约束条件，基于 GIS 空间分析功能，建立毛竹林空间结构优化调控模型，模型采用 Monte Carlo 检验法求解。此研究为毛竹林空间结构优化调控探索出新的途径。

（2）毛竹林空间结构优化调控需要分析大量空间相邻关系。毛竹竞争、分布格局和年龄隔离度计算均需搜索最近邻竹，结果表明，采用 GIS 的 Voronoi 图分析功能确定最近邻竹是一种有效方法。

（3）模型求解得到最优采伐方案，该方案通过对毛竹林优化择伐，林分空间结构目标函数值比伐前提高 32.6500%，最大限度地改善了林分空间结构，又不破坏非空间结构，可作为制定采伐计划的依据。

林分空间结构必须通过多次调整才能趋于理想状态（汤孟平等，2004b）。相反，试图经过一次调整达到目标的做法必然严重偏离林分自然生长过程，结果将难以达到预定目标。应当指出，毛竹林空间结构调控是维持毛竹林合理结构的一项长期性经营措施。

虽然 GIS 为解决各种现实问题提供了有效工具，但对于专业问题，必须构建专门的应用模型（黄杏元等，2001）。毛竹林空间结构优化调控模型的建立和求解是应用 GIS 解决林分尺度空间优化经营问题的一次尝试，其中 GIS 的空间分析功能起到了关键作用。

本次研究是对毛竹林空间结构优化调控的模拟研究，为了使研究结果更贴近实际应用，建立毛竹林固定样地进行连续定位观测，并开展空间结构优化调控试验是值得进一步深入研究的课题。

第 9 章　森林拓扑关系分析

9.1　森林拓扑关系的概念

拓扑学主要研究拓扑空间在拓扑变换下的不变量或不变性质（林金坤，2007）。拓扑关系是明确定义空间结构关系的一种数学方法（黄杏元和马劲松，2008）。拓扑关系包括拓扑邻接、拓扑关联和拓扑包含 3 种。拓扑邻接是存在于空间图形中相同类型元素之间的拓扑关系。拓扑关联是存在于空间图形中不同类型元素之间的拓扑关系。拓扑包含是存在于空间图形中相同类型但不同等级的元素之间的拓扑关系。

森林拓扑关系是明确定义森林空间结构关系的一种数学方法。具体来讲，在森林空间结构单元中，对象木与最近邻木之间的空间关系就是森林拓扑关系（图 9-1

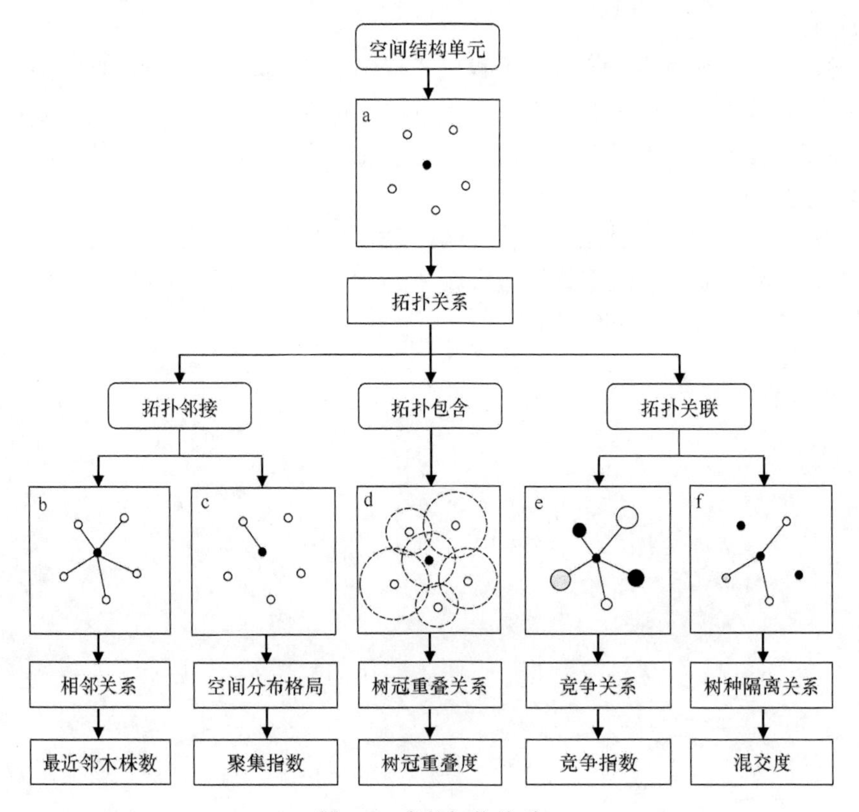

图 9-1　森林拓扑关系

中 a)。图 9-1 中 a 显示了一个空间结构单元，它由对象木（实心圆）和最近邻木（空心圆）组成。森林拓扑关系包括拓扑邻接、拓扑关联和拓扑包含 3 种。根据相邻关系统计最近邻木株数（图 9-1 中 b），或当最近邻木株数 n=1 时，用聚集指数分析林木空间分布格局（Clark and Evans，1954）（图 9-1 中 c），均属于拓扑邻接关系分析。根据树冠重叠关系分析树冠重叠度则属于拓扑包含分析（图 9-1 中 d，图中的虚线圆表示树冠垂直投影）。用竞争指数分析不同树种之间的竞争关系（图 9-1 中 e，图中不同大小圆表示不同胸径，不同填充颜色表示不同树种），或用混交度分析不同树种之间的相互隔离关系（图 9-1 中 f，图中不同填充颜色表示不同树种），均属于拓扑关联分析。不同森林类型或不同森林演替阶段保持的稳定的森林空间结构就是森林拓扑结构。森林拓扑关系分析的目的是揭示森林空间结构关系的不变性质（即森林空间结构的稳定性）及其对树木生长的影响。GIS 则是森林拓扑关系分析的有力工具。

9.2　混交林拓扑关系分析

9.2.1　混交林拓扑邻接关系分析

混交林拓扑邻接关系反映对象木与最近邻木的关系，可以用最近邻木株数表示。拓扑邻接是最基本的拓扑关系，是分析拓扑关联和拓扑包含的基础。拓扑邻接分析包括最近邻木株数分析和林木空间分布格局分析。

9.2.1.1　最近邻木株数分析

对设置在浙江天目山国家级自然保护区的常绿阔叶林、针阔混交林和近自然毛竹林固定标准地分别进行定期调查，获取调查数据。常绿阔叶林固定标准地调查时间分别为 2005 年、2010 年、2015 年和 2020 年。针阔混交林固定标准地调查时间分别为 2006 年、2011 年、2016 年和 2021 年。近自然毛竹林固定标准地调查时间分别为 2009 年、2010 年、2011 年、2012 年、2013 年、2014 年和 2015 年。采用汤孟平等（2007a）提出的基于 Voronoi 图确定空间结构单元的方法，确定对象木的最近邻木株数，并分析最近邻木株数分布特征。3 个固定标准地大小均为 100m×100m，采用 5m 宽的缓冲区进行边缘矫正，矫正标准地为 90m×90m。结果表明，天目山常绿阔叶林、针阔混交林和近自然毛竹林对象木的最近邻木株数分布范围基本相同，分别为 3～12 株、3～13 株、3～12 株（图 9-2～图 9-4），平均最近邻木株数均为 6 株，具有相对稳定的分布特征。这个结果进一步验证了汤孟平等（2009，2011）研究常绿阔叶林和近自然毛竹林对象木的平均最近邻木株数为 6 株的结论。

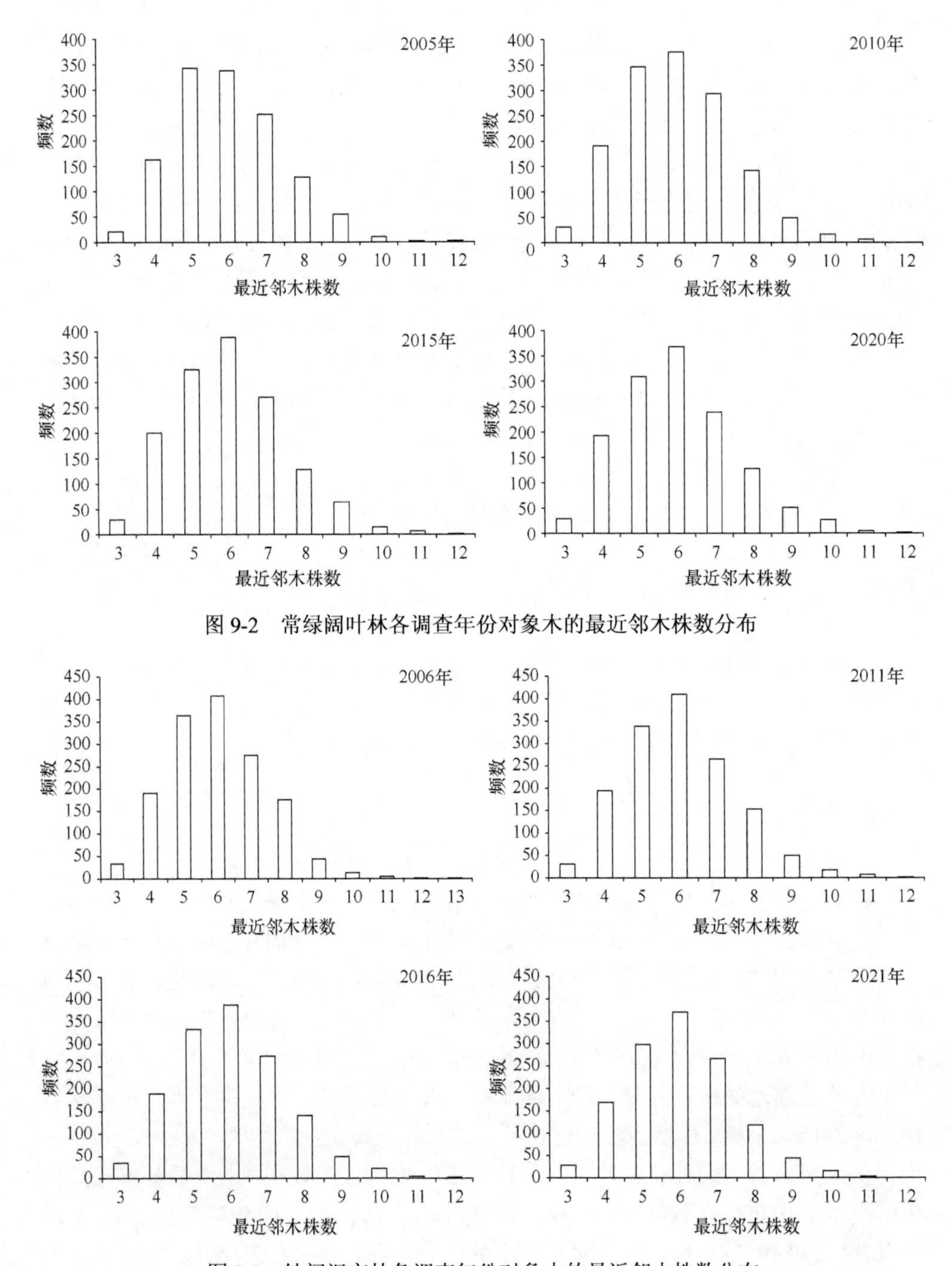

图 9-2　常绿阔叶林各调查年份对象木的最近邻木株数分布

图 9-3　针阔混交林各调查年份对象木的最近邻木株数分布

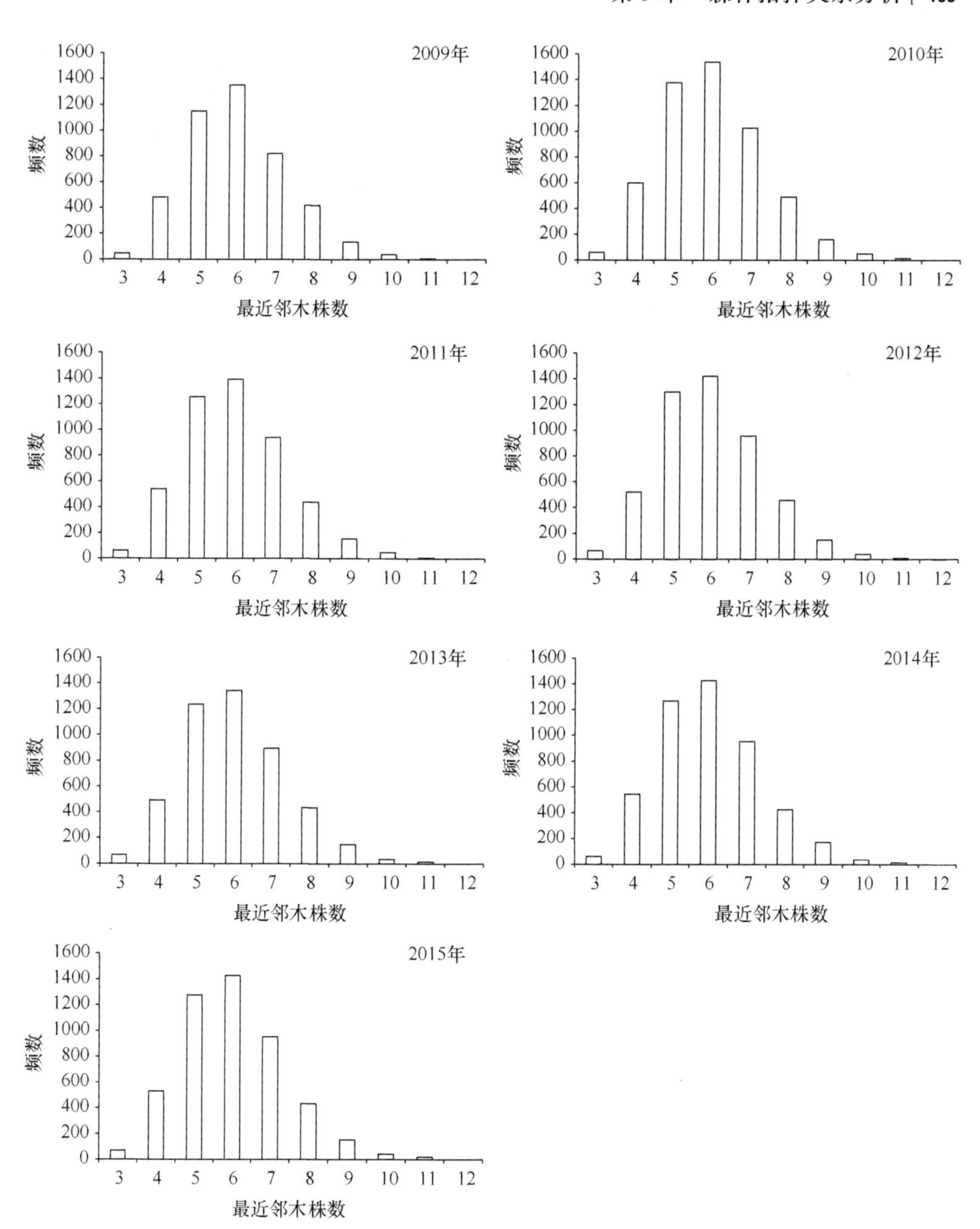

图 9-4　近自然毛竹林各调查年份对象木的最近邻木株数分布

9.2.1.2　林木空间分布格局分析

采用聚集指数（Clark and Evans，1954）分析常绿阔叶林和针阔混交林的林木空间分布格局（表 9-1）。从表 9-1 可以看出，在显著性水平 α=0.05 下，常绿阔叶林和针阔混交林的林木均呈显著聚集分布，与这两种混交林中具有聚集繁殖特征的共同优势种青冈、细叶青冈等有密切关系。常绿阔叶林有更明显的聚集趋势，除在 2015 年时呈低度聚集（$R\in[0.5, 0.75)$）状态外，其他调查年份均呈弱度聚集（$R\in[0.75, 1)$）状态。而针阔混交林在各调查年份均呈弱度聚集状态。

表 9-1　常绿阔叶林和针阔混交林林木空间分布格局

林型	调查年份	聚集指数	Z_R	$Z_{\alpha/2}$	分布格局
常绿阔叶林	2005	0.8655	–9.3236	–1.96	显著聚集分布
	2010	0.7662	–17.0435		显著聚集分布
	2015	0.7426	–18.5951		显著聚集分布
	2020	0.7588	–16.9604		显著聚集分布
针阔混交林	2006	0.7743	–16.7729		显著聚集分布
	2011	0.7763	–16.4024		显著聚集分布
	2016	0.7711	–16.5883		显著聚集分布
	2021	0.8096	–13.1987		显著聚集分布

9.2.2　混交林拓扑包含关系分析

拓扑包含关系可以采用树冠重叠度描述。在森林调查时，通常要调查郁闭度。郁闭度是林冠垂直投影面积与林地面积之比（孟宪宇，2006）。郁闭度可以反映林冠的郁闭程度及树木在水平方向上利用空间的程度，但不能反映树冠在垂直方向上的重叠程度。如果相邻两株树木的树冠在垂直方向上有重叠，那么其树冠的垂直投影也必然有重叠，即树冠垂直投影存在拓扑包含关系，可以用树冠重叠度来描述。

树冠重叠度（crown overlap，CO）是在给定森林面积上所有单株树木的树冠投影面积之和与林冠投影面积之差占林冠投影面积的百分比，计算公式为（叶鹏和汤孟平，2021）

$$CO=\left(\frac{\sum_{i=1}^{n}A_{i\mathrm{crown}}-A_{\mathrm{canopy}}}{A_{\mathrm{canopy}}}\right)\times 100\%=\left(\frac{\sum_{i=1}^{n}A_{i\mathrm{crown}}}{A_{\mathrm{canopy}}}-1\right)\times 100\% \tag{9-1}$$

式中，CO 为树冠重叠度；$A_{i\mathrm{crown}}$ 为树木 i 在标准地内的树冠投影面积（m^2）；$\sum_{i=1}^{n}A_{i\mathrm{crown}}$ 为标准地内树冠投影总面积（m^2）；A_{canopy} 为标准地内林冠投影面积（m^2）；n 为标准地内的树木株数（株）。

根据常绿阔叶林和针阔混交林标准地定期调查所获得的树木坐标、冠幅半径等数据，首先在 GIS 软件支持下，应用缓冲区分析和裁剪工具，求得树冠投影面积和林冠投影面积，再根据式（9-1）计算各调查年份的树冠重叠度（图 9-5，图 9-6）。常绿阔叶林在 2005～2020 年，树冠重叠度从 158.32%增加到 248.63%，增长了 57.04%（图 9-5a，c），郁闭度从 0.82 增加到 0.86，仅增长了 4.88%（图 9-5b，d）。针阔混交林在 2006～2021 年，树冠重叠度从 148.36%增加到 191.91%，增长了 29.35%（图 9-6a，c），郁闭度从 0.76 增加到 0.86，仅增长了 13.16%（图 9-6b，d）。表明，两种混交林的树冠重叠度增长均比郁闭度增长快，常绿阔叶林比针阔混交林的树冠重叠度增加幅度大。说明树冠重叠度是稳定性较低的空间结构，在针阔混交林向常绿阔叶林演替的过程中，树冠从同时进行的水平扩展和垂直重叠向以垂直重叠为主的方向发展。这一结论为森林群落在不同演替阶段制定不同的空间结构调整措施提供了理论依据。

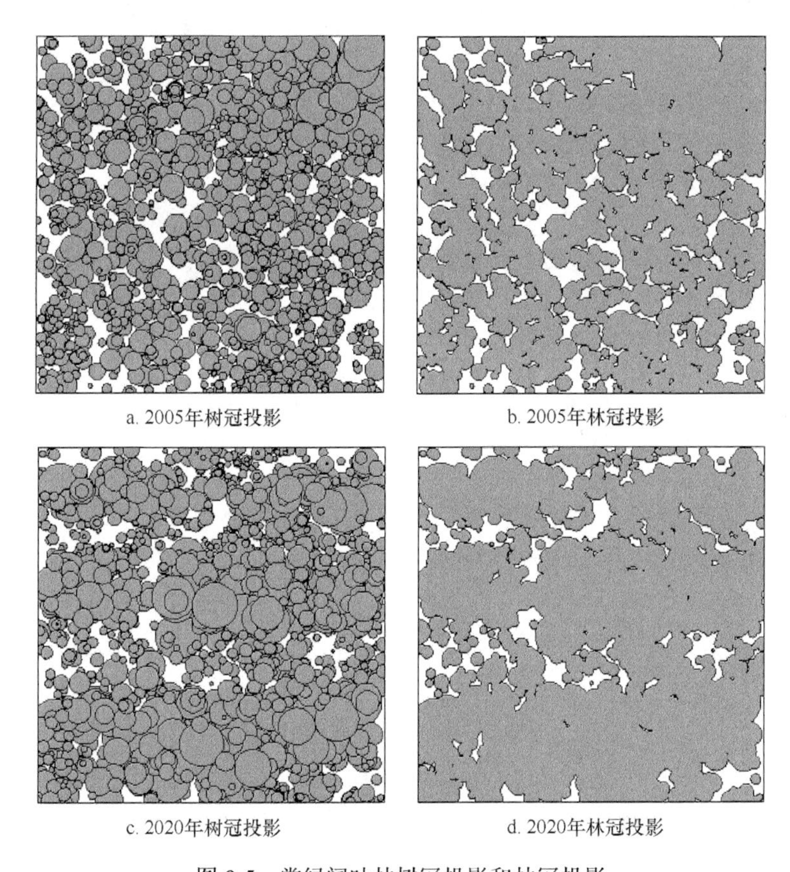

图 9-5　常绿阔叶林树冠投影和林冠投影

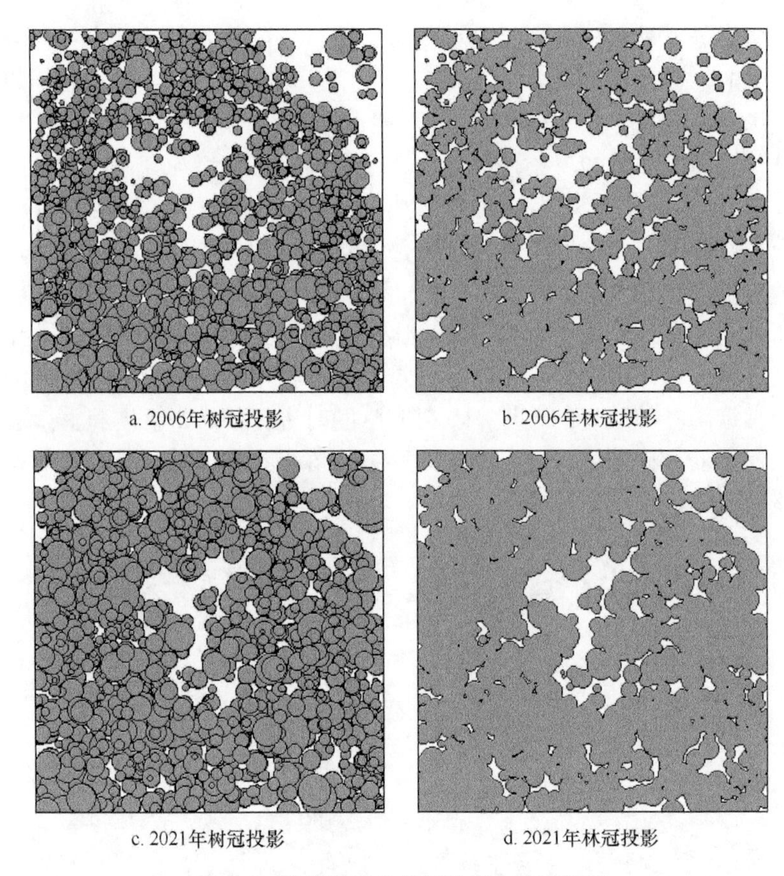

图 9-6 针阔混交林树冠投影和林冠投影

9.2.3 混交林拓扑关联关系分析

拓扑关联指存在于空间图形中不同类型元素之间的拓扑关系。在混交林中，分析不同树种之间的竞争关系或不同树种之间的相互隔离关系均属于拓扑关联关系分析。

9.2.3.1 竞争关系分析

首先，采用基于 Voronoi 图的 Hegyi 竞争指数（Hegyi，1974；汤孟平等，2007a），根据式（5-1）计算对象木竞争指数。再根据式（5-2），计算林分平均竞争指数，分析混交林种内、种间竞争关系（表 9-2）。由表 9-2 可见，2005～2020 年常绿阔叶林的种内、种间和林分竞争指数总体上均呈增加趋势，增加幅度分别为 66.31%、8.24%和 37.41%；2006～2021 年针阔混交林种内竞争指数和林分竞争指数总体上均呈增加趋势，分别增加了 52.49%和 9.00%，而种间竞争指数减少 15.04%。表明，常绿阔叶林和针阔混交林均有竞争加剧趋势，其原因主要是种内竞争加剧，是因为这两种混交林均有聚集繁殖特征的优势种群青冈、细叶青冈等。因此，在未来混交林经营管理过程中，种内竞争与种间竞争相比较而言，降低种内竞争应当是森林空间结构调整的重点之一。

表 9-2　常绿阔叶林和针阔混交林竞争关系分析

林型	调查年份	种内竞争指数	种间竞争指数	林分竞争指数
常绿阔叶林	2005	3.9470	3.9099	7.8569
	2010	5.9080	3.9466	9.8546
	2015	5.8168	4.1719	9.9888
	2020	6.5644	4.2319	10.7963
针阔混交林	2006	3.2332	5.8513	9.0845
	2011	3.3101	5.6902	9.0003
	2016	3.1665	5.6279	8.7944
	2021	4.9304	4.9715	9.9019

9.2.3.2　树种相互隔离关系分析

采用全混交度（汤孟平等，2012）分析混交林树种相互隔离的关系。首先，用式（5-5）计算单株树木的全混交度。再用式（5-4）计算林分全混交度（表 9-3）。全混交度的取值范围是[0, 1]，可将全混交度划分为 5 个等级，即 0 为零度混交，(0, 0.25]为弱度混交，(0.25, 0.5]为低度混交，(0.5, 0.75]为中度混交，(0.75, 1]为强度混交。由表 9-3 可见，常绿阔叶林和针阔混交林的全混交度均在(0.5, 0.75]，属于中度混交。2005～2020 年常绿阔叶林全混交度总体上有降低趋势，全混交度减少了 3.08%。2006～2021 年针阔混交林全混交度有升高趋势，全混交度增加了 7.45%。

表 9-3　常绿阔叶林和针阔混交林树种相互隔离关系分析

林型	调查年份	全混交度
常绿阔叶林	2005	0.6358
	2010	0.5947
	2015	0.5959
	2020	0.6162
针阔混交林	2006	0.6216
	2011	0.6516
	2016	0.6529
	2021	0.6679

9.3 混交林空间结构稳定性分析

森林拓扑关系分析的目的是揭示森林空间结构的稳定性。采用最近邻木株数、聚集指数、基于 Voronoi 图的竞争指数和全混交度，分析天目山常绿阔叶林和针阔混交林的空间结构稳定性特征。

9.3.1 常绿阔叶林空间结构稳定性分析

9.3.1.1 最近邻木株数稳定性分析

在 2005～2020 年，天目山常绿阔叶林群落对象木的最近邻木株数分布范围基本相同，为 3～12 株，平均最近邻木株数稳定为 6 株（图 9-2）。

9.3.1.2 林木空间分布格局稳定性分析

用聚集指数分析常绿阔叶林林木空间分布格局的稳定性。2005～2020 年常绿阔叶林聚集指数为 0.7426～0.8655，均呈显著聚集分布（表 9-1）。为分析各调查年份聚集指数的差异性，通过 K-S 检验得知各调查年份的聚集指数均不符合正态分布（$P<0.05$），因而对不同调查年份的聚集指数进行 Kruskal-Wallis 非参数检验，采用中位数描述差异大小。结果表明，不同调查年份的聚集指数存在极显著差异（$P<0.01$）（表 9-4）。故采用 Dunn't 法对不同调查年份的聚集指数进行两两比较，并用箱线图表示（图 9-7）。结果表明，2005 年的聚集指数极显著高于 2010 年、2015 年和 2020 年的聚集指数，2010 年、2015 年和 2020 年的聚集指数无显著差异。

表 9-4 常绿阔叶林聚集指数 Kruskal-Wallis 非参数检验结果

空间结构指数	中位数				H 值	P 值
	2005 年	2010 年	2015 年	2020 年		
聚集指数	0.840	0.668	0.580	0.663	41.168	0.000**

注：**表示差异极显著（$P<0.01$）

9.3.1.3 竞争指数稳定性分析

在 2005～2020 年，常绿阔叶林的种内、种间和林分竞争指数总体上均呈增加趋势（表 9-2）。有必要对各竞争指数升高的趋势进行显著性检验。通过 K-S 检验得知各调查年份林分竞争指数、种内竞争指数、种间竞争指数均不符合正态分布

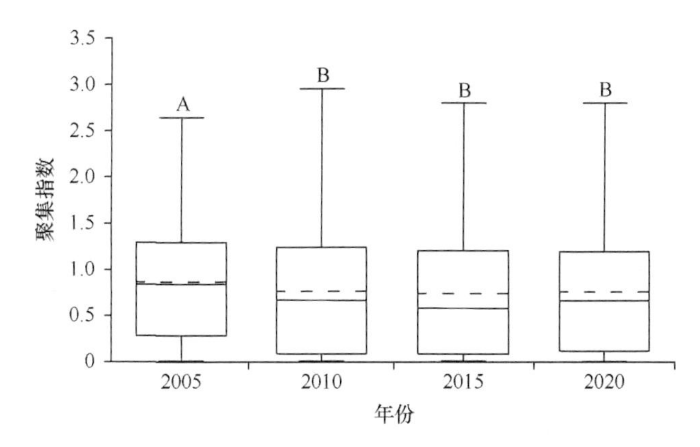

图 9-7　常绿阔叶林各调查年份聚集指数比较

图中不同大写字母表示不同调查年份之间差异极显著（$P<0.01$）

（$P<0.05$），因而对不同调查年份的林分竞争指数、种内竞争指数、种间竞争指数进行 Kruskal-Wallis 非参数检验，采用中位数描述差异大小。结果表明，常绿阔叶林的种内、种间和林分竞争指数总体上均呈增加趋势，与表 9-2 结果基本一致。但不同调查年份的林分竞争指数间存在极显著差异（$P<0.01$），种内竞争指数也存在极显著差异（$P<0.01$），种间竞争指数差异不显著（$P>0.05$）（表 9-5）。采用 Dunn't 法对不同调查年份的竞争指数进行两两比较，并用箱线图表示（图 9-8）。总体上，在 2005～2020 年，常绿阔叶林竞争态势加剧。但是，常绿阔叶林在 2005 年的竞争指数极显著低于 2010 年、2015 年和 2020 年的竞争指数（$P<0.01$），而 2010 年、2015 年和 2020 年的竞争指数之间无显著差异（$P>0.05$）。2005 年的种内竞争指数极显著低于 2010 年、2015 年、2020 年的种内竞争指数（$P<0.01$）。说明常绿阔叶林的种内竞争动态是影响林分竞争态势及稳定性的主要原因。

表 9-5　常绿阔叶林竞争指数 Kruskal-Wallis 非参数检验结果

空间结构指数	中位数				*H* 值	*P* 值
	2005 年	2010 年	2015 年	2020 年		
种内竞争指数	0.385	0.766	0.700	0.571	93.381	0.000**
种间竞争指数	2.564	2.509	2.533	2.634	1.484	0.686
林分竞争指数	4.329	5.516	5.848	5.511	68.961	0.000**

注：**表示差异极显著（$P<0.01$）

9.3.1.4　全混交度稳定性分析

在 2005～2020 年，常绿阔叶林的全混交度为 0.5947～0.6358（表 9-3），4 次调查结果均呈中度混交状态（表 9-1）。为分析各年份全混交度的差异性，通过 K-S

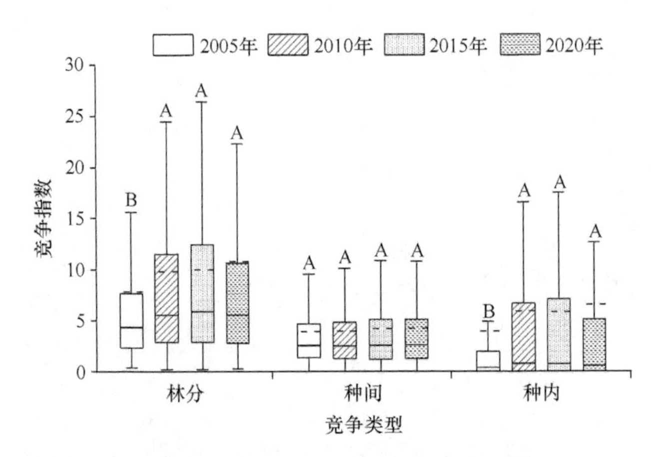

图 9-8　常绿阔叶林各调查年份竞争指数（中位数）比较

各组柱子上方不同大写字母表示同一竞争类型不同调查年份之间差异极显著（P<0.01）

检验得知，各年份全混交度均不符合正态分布（P<0.05），因而对不同调查年份的全混交度进行 Kruskal-Wallis 非参数检验，采用中位数描述差异大小。结果表明，不同调查年份的全混交度存在极显著差异（P<0.01）（表 9-6）。故采用 Dunn't 法对不同调查年份的全混交度进行两两比较，并用箱线图表示（图 9-9）。结果表明，常绿阔叶林在 2005 年的全混交度极显著高于 2010 年和 2015 年的全混交度（P<0.01），显著高于 2020 年的全混交度（P<0.05）；2020 年的全混交度显著高于 2010 年和 2015 年的全混交度（P<0.05）；2010 年和 2015 年的全混交度无显著差异（P>0.05）。在 2005～2020 年，虽然常绿阔叶林树种混交程度小幅降低，但总体上呈中度混交状态。

表 9-6　常绿阔叶林全混交度 Kruskal-Wallis 非参数检验结果

空间结构指数	中位数				H 值	P 值
	2005 年	2010 年	2015 年	2020 年		
全混交度	0.674	0.645	0.645	0.650	29.037	0.000**

注：**表示差异极显著（P<0.01）

9.3.2　针阔混交林空间结构稳定性分析

9.3.2.1　最近邻木株数稳定性分析

在 2006～2021 年，天目山针阔混交林群落对象木的最近邻木株数分布范围基本相同，为 3～13 株，平均最近邻木株数稳定在 6 株（图 9-3）。

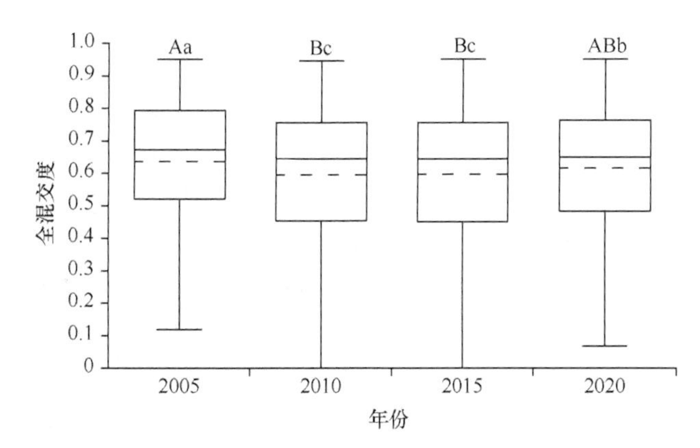

图 9-9　常绿阔叶林各调查年份全混交度（中位数）比较

图中不同大写字母表示不同调查年份之间差异极显著（P<0.01），不同小写字母表示不同调查年份之间差异显著（P<0.05）

9.3.2.2　林木空间分布格局稳定性分析

用聚集指数分析针阔混交林林木空间分布格局的稳定性。2006～2021 年针阔混交林聚集指数为 0.7711～0.8096，均呈显著聚集分布（表 9-1）。为分析各调查年份聚集指数的差异性，通过 K-S 检验得知各调查年份的聚集指数均不符合正态分布（P<0.05），因而对不同调查年份的聚集指数进行 Kruskal-Wallis 非参数检验，采用中位数描述差异大小。结果表明，不同调查年份的聚集指数无显著差异（P>0.05）（表 9-7，图 9-10），有稳定的显著聚集分布特征。

表 9-7　针阔混交林聚集指数 Kruskal-Wallis 非参数检验结果

空间结构指数	中位数				H 值	P 值
	2006 年	2011 年	2016 年	2021 年		
聚集指数	0.658	0.665	0.673	0.720	4.459	0.216

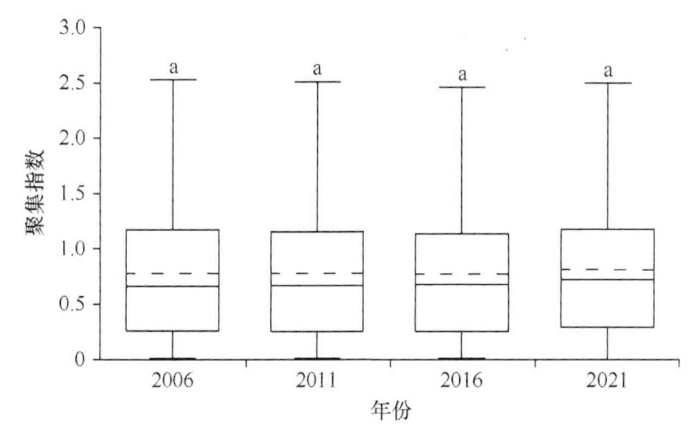

图 9-10　针阔混交林各调查年份聚集指数（中位数）比较

图中相同小写字母表示不同调查年份之间差异不显著（P>0.05）

9.3.2.3 竞争指数稳定性分析

在2006～2021年，针阔混交林的种内竞争指数和林分竞争指数总体上均呈增加趋势，而种间竞争指数有减少趋势（表9-2）。有必要对各竞争指数变化趋势进行显著性检验。通过K-S检验得知各调查年份林分竞争指数、种内竞争指数、种间竞争指数均不符合正态分布（$P<0.05$），因而对不同调查年份的林分竞争指数、种内竞争指数、种间竞争指数进行Kruskal-Wallis非参数检验，采用中位数描述差异大小。结果表明，不同调查年份的林分竞争指数存在极显著差异（$P<0.01$），种内竞争指数存在显著差异（$P<0.05$），种间竞争指数差异不显著（$P>0.05$）（表9-8）。采用Dunn't法对不同调查年份的竞争指数进行两两比较，并用箱线图表示（图9-11）。结果表明，针阔混交林2006年与2021年的林分竞争指数存在极显著差异（$P<0.01$），2011年与2021年的林分竞争指数存在极显著差异（$P<0.01$），2016年与2021年的林分竞争指数存在显著差异（$P<0.05$），而2006年、2011年、2016年的林分竞争指数之间无显著差异（$P>0.05$）。说明，在2006～2016年，群落竞争态势无明显变化，而在2021年时竞争态势降低。在2006～2021年，针阔混交林竞争态势小幅降低。种间竞争指数无显著差异，但有减小趋势。2006年的种内竞争指数显著高于2016年、2021年的种内竞争指数（$P<0.05$），2016年的种内竞争指数显著高于2021年的种内竞争指数（$P<0.05$）。在2006～2021年，针阔混交林种内竞争指数呈减小趋势。因此，针阔混交林的种内竞争变化是引起林分竞争态势变化的主要原因。应当指出，从表9-8和图9-11可见，在2006～2021年，针阔混交林的种内竞争、种间竞争和林分竞争均有降低趋势，其中种内竞争和林分竞争趋势与表9-2的结果相反。说明，分别用竞争指数的平均值和中位数对针阔混交林的种内竞争指数和林分竞争指数的排序结果不一定相同，也反映出在针阔混交林向常绿阔叶林演替的过程中，竞争关系变化复杂，结构不稳定。对此问题有必要进一步改进分析方法，并长期调查研究。本研究认为通过Kruskal-Wallis非参数检验和采用Dunn't法比较的结果更合理。

表9-8 针阔混交林竞争指数Kruskal-Wallis非参数检验结果

空间结构指数	中位数				*H*值	*P*值
	2006年	2011年	2016年	2021年		
种内竞争指数	0.492	0.396	0.369	0.303	8.111	0.044*
种间竞争指数	3.030	3.106	3.111	2.959	1.960	0.581
林分竞争指数	5.243	5.006	4.894	4.503	12.131	0.007**

注：*表示差异显著（$P<0.05$）；**表示差异极显著（$P<0.01$）

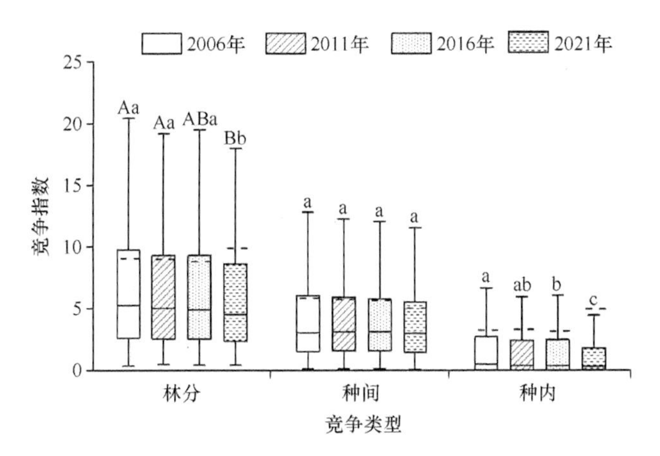

图 9-11 针阔混交林各调查年份竞争指数（中位数）比较

每组柱子上方不同大写字母表示同一竞争类型不同调查年份之间差异极显著（P<0.01），不同小写字母表示同一竞争类型不同调查年份之间差异显著（P<0.05）

9.3.2.4 全混交度稳定性分析

在 2006～2021 年，针阔混交林的全混交度为 0.6216～0.6679，4 次调查结果均呈中度混交状态（表 9-3）。为分析各调查年份全混交度的差异性，通过 K-S 检验得知，各调查年份的全混交度均不符合正态分布（P<0.05），因而对不同调查年份的全混交度进行 Kruskal-Wallis 非参数检验，采用中位数描述差异大小。结果表明，不同调查年份的全混交度存在极显著差异（P<0.01）（表 9-9）。故采用 Dunn't 法对不同调查年份的全混交度进行两两比较，并用箱线图表示（图 9-12）。结果表明，针阔混交林 2006 年的全混交度与 2011 年、2016 年、2021 年的全混交度存在极显著差异（P<0.01），2011 年的全混交度与 2021 年的全混交度存在显著差异（P<0.05），2016 年的全混交度与 2021 年的全混交度存在显著差异（P<0.05）。说明，在 2006～2011 年，群落全混交度提高，在 2011～2016 年，群落全混交度无显著变化，在 2016～2021 年，群落全混交度小幅提高。在 2006～2021 年，针阔混交林树种混交程度总体上小幅提高，但均呈中度混交状态。

表 9-9 针阔混交林全混交度 Kruskal-Wallis 非参数检验结果

空间结构指数	中位数				H 值	P 值
	2006 年	2011 年	2016 年	2021 年		
全混交度	0.645	0.675	0.685	0.702	49.253	0.000**

注：**表示差异极显著（P<0.01）

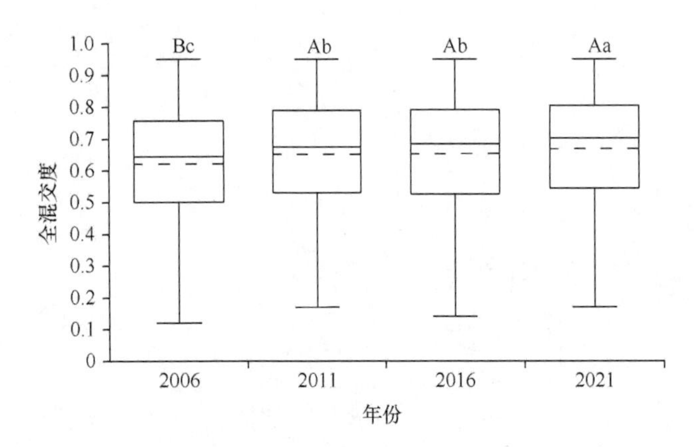

图 9-12　针阔混交林各调查年份全混交度（中位数）比较

不同大写字母表示不同调查年份之间差异极显著（$P<0.01$），不同小写字母表示不同调查年份之间差异显著（$P<0.05$）

9.3.3　常绿阔叶林和针阔混交林空间结构稳定性比较

根据以上分析结果，可以用平均最近邻木株数、林木空间分布格局、竞争指数、全混交度 4 个空间结构指数比较常绿阔叶林和针阔混交林的空间结构稳定性（表 9-10）。从表 9-10 可见，两种混交林稳定的空间结构特征：平均最近邻木株数均为 6，林木空间分布格局均呈显著聚集分布，全混交度均呈中度混交状态。两种混交林不稳定性的空间结构特征：常绿阔叶林的种内、种间和林分竞争加剧，针阔混交林的种内、种间和林分竞争降低，主要原因均为种内竞争；常绿阔叶林全混交度小幅降低，而针阔混交林全混交度小幅提高。在针阔混交林向常绿阔叶林演替的过程中，森林空间结构是群落演替的重要驱动力。因此，掌握森林空间结构的变化规律具有重要意义，可以为森林空间结构调整提供参考依据。

表 9-10　常绿阔叶林与针阔混交林空间结构稳定性比较

林型	平均最近邻木株数	林木空间分布格局	竞争指数	全混交度
常绿阔叶林	6	显著聚集分布	种内、种间和林分竞争均加剧，种内竞争加剧是主要原因	全混度小幅降低，总体呈中度混交状态
针阔混交林	6	显著聚集分布	种内、种间和林分竞争均降低，种内竞争降低是主要原因	全混交度小幅提高，总体呈中度混交状态

9.4　混交林空间结构对树木生长影响的研究

为了解森林空间结构稳定性及其对树木生长的影响，选择全林、相邻两次调查均存活（存活木）、前一次调查存活而后一次调查枯死的林木（枯死木）作为对象木，计算对象木的空间结构指数，并进行比较分析。

9.4.1　常绿阔叶林空间结构对树木生长影响的研究

9.4.1.1　全林、存活木和枯死木竞争指数比较分析

Kruskal-Wallis 非参数检验结果表明：2005 年、2010 年和 2015 年常绿阔叶林全林、存活木、枯死木的竞争指数之间无显著差异（图 9-13），说明在常绿阔叶林中，林木竞争态势对林木存活或枯死总体上影响不大。竞争指数的取值[0, 6)、[6, 12)、[12, 18)、[18, ∞)分别表示弱度、低度、中度、强度 4 个竞争等级（张毅锋和汤孟平，2021）。在 2015 年，中度、强度竞争的枯死木频率均大于存活木频率（图 9-14～图 9-16）。说明，竞争是常绿阔叶林林木枯死的重要原因。

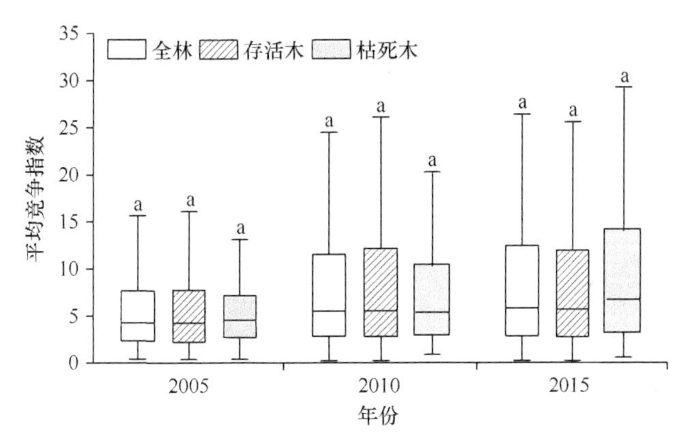

图 9-13　各调查年份全林、存活木、枯死木竞争指数（中位数）比较

每组柱子上方相同小写字母表示同一年份不同对象木之间差异不显著（$P>0.05$）

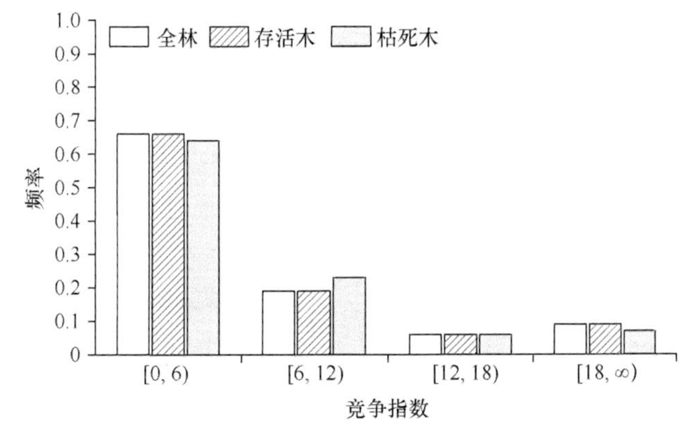

图 9-14　2005 年全林、存活木、枯死木竞争指数频率分布

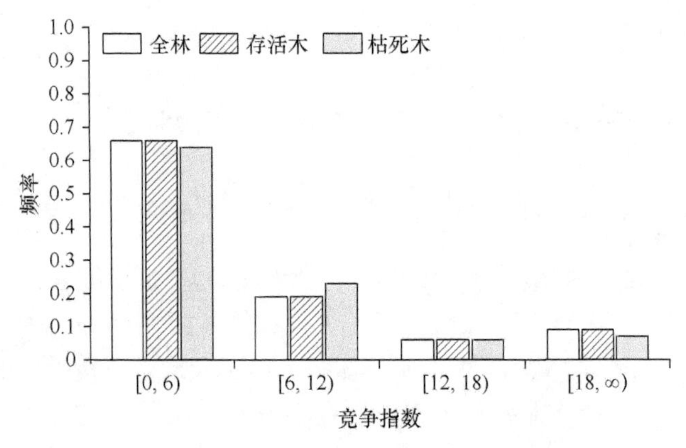

图 9-15　2010 年全林、存活木、枯死木竞争指数频率分布

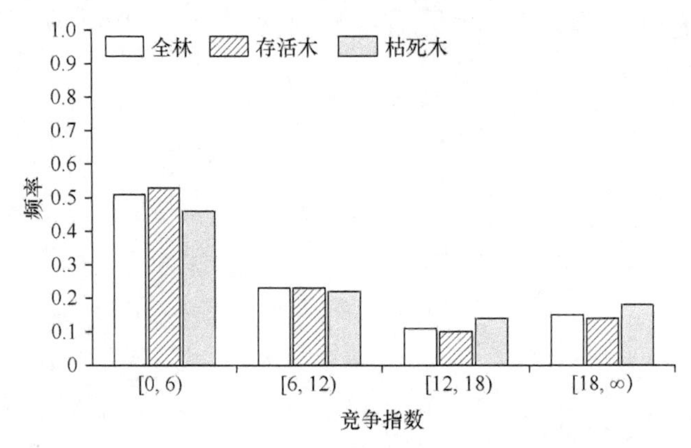

图 9-16　2015 年全林、存活木、枯死木竞争指数频率分布

9.4.1.2　全林、存活木和枯死木全混交度比较分析

Kruskal-Wallis 非参数检验结果表明：2005 年、2010 年和 2015 年常绿阔叶林全林、存活木、枯死木的全混交度之间无显著差异（$P>0.05$）（图 9-17），说明在常绿阔叶林中，树种混交程度对林木存活或枯死的影响不大。

9.4.1.3　全林、存活木和枯死木聚集指数比较分析

2005 年、2015 年常绿阔叶林全林、存活木、枯死木聚集指数之间无显著差异（$P>0.05$）；2010 年枯死木聚集指数与全林和存活木的聚集指数之间存在显著差异（$P<0.05$）（图 9-18）。由于仅 2010 年存在显著性差异，进一步分析 2010 年全林、存活木、枯死木的聚集指数分布特征，发现聚集分布格局下（$0\leqslant R_i<1$）枯死木的频率均低于全林和存活木的频率，均匀分布格局下（$R_i>1$）枯死木的频率均高于全林和存活木的频率（图 9-19）。说明，常绿阔叶林林木呈聚集分布有利于林木存活，这是由于林中有较强聚集繁殖特性的青冈、细叶青冈等常绿树种的原因。

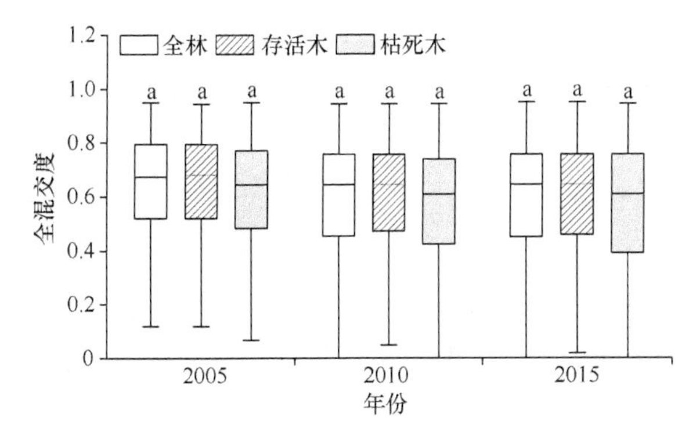

图 9-17　各调查年份全林、存活木、枯死木全混交度（中位数）比较

每组柱子上方相同小写字母表示同一年份不同对象木之间差异不显著（$P>0.05$）

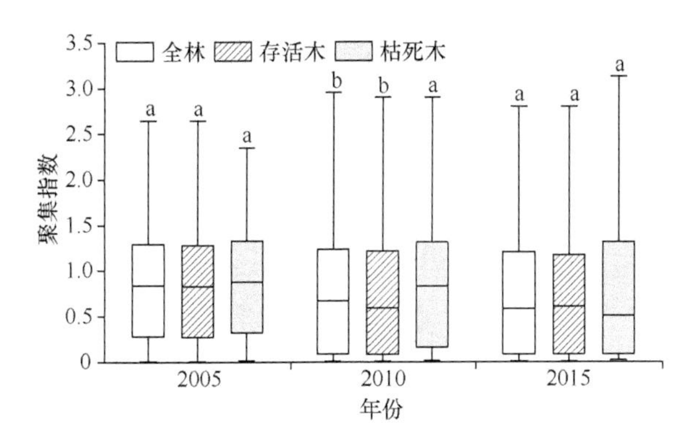

图 9-18　各调查年份全林、存活木、枯死木聚集指数（中位数）比较

每组柱子上方不同小写字母表示同一年份不同对象木之间差异显著（$P<0.05$）

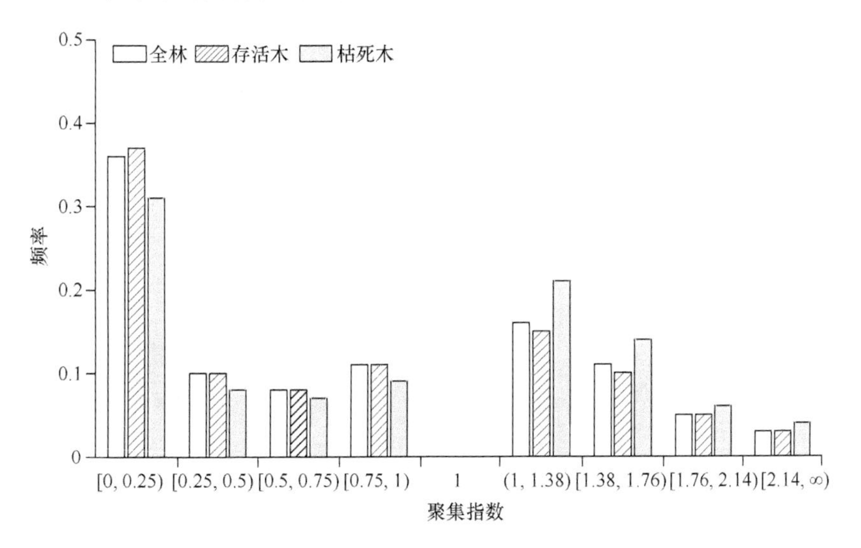

图 9-19　2010 年全林、存活木、枯死木聚集指数频率分布

9.4.2 针阔混交林空间结构对树木生长影响的研究

9.4.2.1 全林、存活木和枯死木竞争指数比较分析

2006年、2016年针阔混交林枯死木竞争指数（中位数）均显著高于全林、存活木的竞争指数（$P<0.01$）（图9-20）。各调查年份林木竞争指数的频率分布图（图9-21～图9-23）可以进一步具体分析标准地林木竞争态势特征。可见，从低度竞争开始，枯死木的频率均高于存活木频率（图9-21～图9-23）。表明，竞争是导致林木枯死的重要原因。

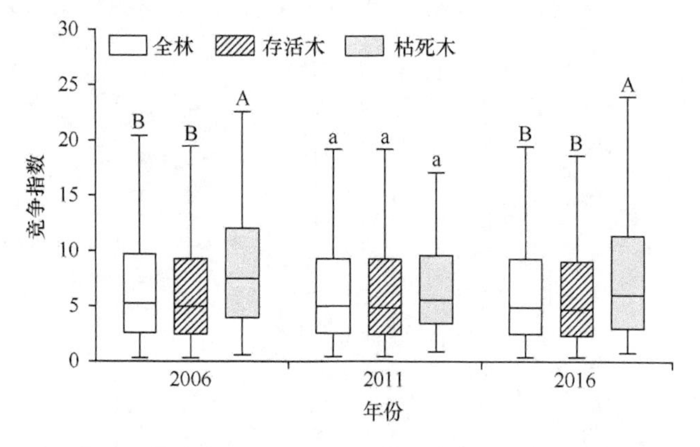

图9-20 各调查年份全林、存活木、枯死木竞争指数（中位数）比较

每组柱子上方不同大写字母表示同一年份不同对象木之间差异极显著（$P<0.01$），相同小写字母表示同一年份不同对象木之间差异不显著（$P>0.05$）

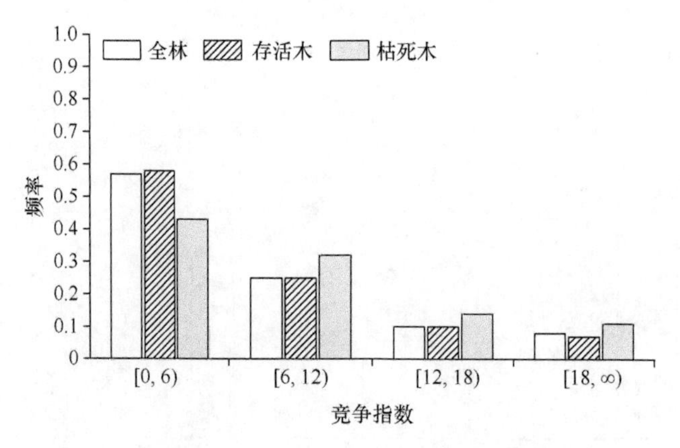

图9-21 2006年全林、存活木、枯死木竞争指数频率分布

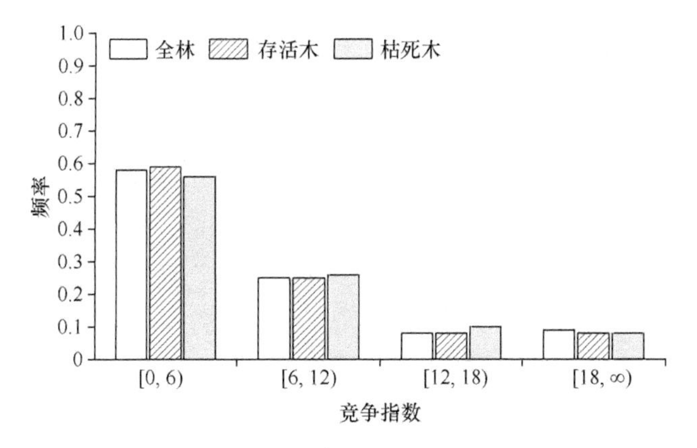

图 9-22 2011 年全林、存活木、枯死木竞争指数频率分布

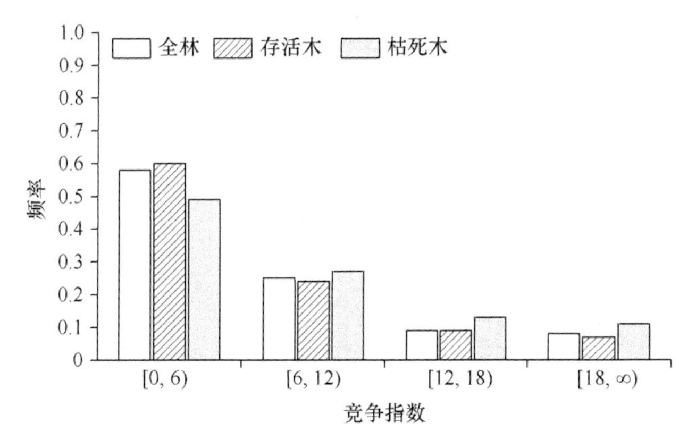

图 9-23 2016 年全林、存活木、枯死木竞争指数频率分布

9.4.2.2 全林、存活木和枯死木全混交度比较分析

2006 年、2011 年、2016 年针阔混交林枯死木与存活木的全混交度之间均不存在显著差异（$P>0.05$）（图 9-24），说明在针阔混交林中，树种相互隔离程度对林木存活或枯死的影响不大。

9.4.2.3 全林、存活木和枯死木聚集指数比较分析

各调查年份针阔混交林全林、存活木和枯死木聚集指数之间均无显著差异（$P>0.05$）（图 9-25）。说明，在针阔混交林中，林木空间分布格局对林木存活或枯死的影响不大。

9.4.3 常绿阔叶林和针阔混交林空间结构对树木生长影响的比较

竞争关系是最不稳定的拓扑关系，竞争指数是最不稳定的空间结构指数，较

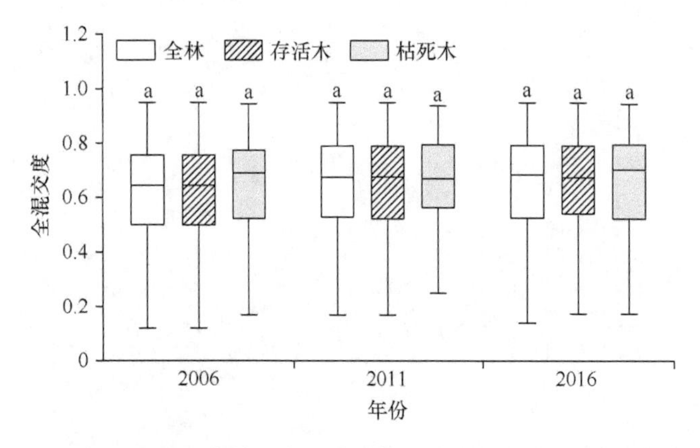

图 9-24 各调查年份全林、存活木、枯死木全混交度（中位数）比较

每组柱子上方相同小写字母表示同一年份不同对象木之间差异不显著（$P>0.05$）

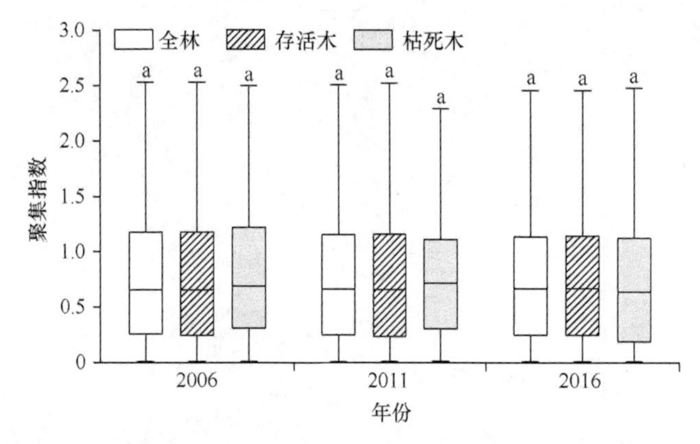

图 9-25 各调查年份全林、存活木、枯死木聚集指数（中位数）比较

每组柱子上方相同小写字母表示同一年份不同对象木之间差异不显著（$P>0.05$）

高的竞争强度是导致常绿阔叶林和针阔混交林林木枯死的共同原因。树种混交度对两种混交林林木存活或枯死的影响不大。林木空间分布格局对针阔混交林林木存活或枯死的影响不大，但聚集分布有利于常绿阔叶林林木存活。

9.5 小 结

森林拓扑关系分析可以揭示森林空间结构的稳定性及森林空间结构对树木生长的影响。通过对浙江天目山国家级自然保护区的常绿阔叶林、针阔混交林和近自然毛竹林（见 7.3.3 节）的拓扑关系分析，结果表明：不同类型天然林对象木的平均最近邻木株数均为 6；竞争关系是最不稳定的拓扑关系，竞争指数是最不稳定的空间结构指数；树种混交度对树木生长影响不大；林木空间分布格局对常绿阔叶林林木生长的影响大于对针阔混交林林木生长的影响。

主要参考文献

安慧君. 2003. 阔叶红松林空间结构研究. 北京: 北京林业大学.

包维楷, 刘照光, 刘朝禄, 袁亚夫, 刘仁东. 2000. 中亚热带湿性常绿阔叶次生林自然恢复15年来群落乔木层的动态变化. 植物生态学报, 24(6): 702-709.

操国兴, 钟章成, 刘芸, 谢德体. 2003. 缙云山川鄂连蕊茶种群空间分布格局研究. 生物学杂志, 20(1): 10-12.

曹流清, 李晓凤. 2003. 毛竹大径材培育技术研究. 竹子研究汇刊, 22(4): 34-41.

曹小玉, 李际平, 胡园杰, 杨静. 2017. 杉木生态林林分间伐空间结构优化模型. 生态学杂志, 36(4): 1134-1141.

车腾腾, 冯益明, 吴春争. 2010. "3S"技术在精准林业中的应用. 绿色科技, (10): 158-162.

陈存及. 1992. 毛竹林分密度效应的初步研究. 福建林学院学报, 12(1): 98-104.

陈存及. 2004. 福建毛竹林生态培育与生态系统管理. 竹子研究汇刊, 23(2): 1-4.

陈军. 2002. Voronoi动态空间数据模型. 北京: 测绘出版社.

陈军, 赵仁亮, 乔朝飞. 2003. 基于Voronoi图的GIS空间分析研究. 武汉大学学报(信息科学版), 28(特刊): 32-37.

陈睿, 汤孟平. 2023. 天目山针阔混交林与常绿阔叶林的空间结构比较. 林业科学, 59(5): 21-31.

陈双林, 吴柏林, 张德明, 盛方清, 胡建军. 2001. 笋材两用毛竹林冠层结构及其生产力功能研究. 林业科学研究, 14(4): 349-355.

陈永刚, 汤孟平, 胡芸. 2010. 天目山常绿阔叶林空间点格局分形关联维数分析. 浙江林业科技, 30(4): 42-46.

程效军, 缪盾. 2008. 全站仪自由设站法精度探讨. 铁道勘察, (6): 1-4.

《重修西天目山志》编纂委员会. 2009. 重修西天目山志. 北京: 方志出版社: 1-546.

褚欣, 潘萍, 欧阳勋志, 臧颢, 吴自荣, 汪清, 单凯丽. 2019. 闽楠天然次生林林木综合竞争指数研究. 西北林学院学报, 34(4): 199-205.

达良俊, 杨永川, 宋永昌. 2004. 浙江天童国家森林公园常绿阔叶林主要组成种的种群结构及更新类型. 植物生态学报, 28(3): 376-384.

邓英英, 汤孟平, 徐文兵, 陈永刚, 娄明华. 2011. 天目山近自然毛竹纯林的竹秆空间结构特征. 浙江农林大学学报, 28(2): 173-179.

丁炳扬, 傅承新, 杨淑贞. 2009. 天目山植物学实习手册. 2版. 杭州: 浙江大学出版社.

丁炳扬, 李根有, 傅承新, 杨淑贞. 2010. 天目山植物志. 杭州: 浙江大学出版社.

丁炳扬, 潘承文. 2003. 天目山植物学实习手册. 杭州: 浙江大学出版社.

董斌. 2005. 基于全站仪的林业数据自动测算系统. 南京林业大学学报(自然科学版), 29(5): 119-122.

段仁燕, 王孝安. 2005. 太白红杉种内和种间竞争研究. 植物生态学报, 29(2): 242-250.

冯佳多, 惠刚盈. 1998. 森林生长与干扰模拟. Gottingen: Cuvillier.

冯仲科, 韩熙春, 周科亮, 南永天, 付晓. 2003. 全站仪固定样地测树原理及精度分析. 北京测绘, (1): 28-30.

冯仲科, 罗旭, 马钦彦, 郝星耀, 陈晓雪. 2007a. 基于三维激光扫描成像系统的树冠生物量研究. 北京林业大学学报, 29(增刊 2): 52-56.
冯仲科, 南永天, 刘月苏, 刘涛, 郭学林. 2000. RTD GPS 用于森林资源固定样地调查的研究. 林业资源管理, (1): 50-53.
冯仲科, 隋宏大, 邓向瑞, 臧淑英. 2007b. 三角高程法树高测量与精度分析. 北京林业大学学报, 29(增刊 2): 31-35.
冯仲科, 张晓勤. 2000. 发展我国的数字林业体系. 北京林业大学学报, 22(5): 102-103.
冯仲科, 赵英琨, 邓向瑞, 臧淑英. 2007c. 三维前方交会法测量树高及其精度分析. 北京林业大学学报, 29(增刊 2): 36-39.
福尔曼, 戈德罗恩. 1990. 景观生态学. 肖笃宁, 张启德, 赵羿, 译. 北京: 科学出版社.
高惠璇. 2005. 应用多元统计分析. 北京: 北京大学出版社.
顾小平, 吴晓丽, 汪阳东. 2004. 毛竹材用林高产优化施肥与结构模型的建立. 林业科学, 40(3): 96-101.
关玉秀, 张守攻. 1992. 竞争指标的分类及评价. 北京林业大学学报, 14(4): 1-8.
郭晋平. 2001. 森林景观生态研究. 北京: 北京大学出版社.
郭忠玲, 倪成才, 董井林. 1996. 紫杉生长影响圈主要伴生植物组成及与其它树种关系的定量分析. 吉林林学院学报, 12(2): 63-68.
国家林业和草原局. 2019. 中国森林资源报告 2014—2018. 北京: 中国林业出版社.
何家祥. 2000. 材用毛竹林砍伐技术. 安徽林业, 26(6): 15.
洪伟, 郑郁善, 邱尔发. 1998. 毛竹丰产林密度效应研究. 林业科学, 34(S1): 1-4.
侯向阳, 韩进轩. 1997. 长白山红松林主要树种空间格局的模拟分析. 植物生态学报, 21(3): 242-249.
胡喜生, 洪伟, 郭文才, 吴承祯, 林勇明, 姬桂珍, 张琼. 2005. 毛竹混交林植物种类组成的区域分布. 河南农业大学学报, 39(1): 65-70.
胡小兵, 于明坚. 2003. 青冈常绿阔叶林中青冈种群结构与分布格局. 浙江大学学报(理学版), 30(5): 574-579.
胡艳波, 惠刚盈. 2006. 优化林分空间结构的森林经营方法探讨. 林业科学研究, 19(1): 1-8.
胡裕玉. 2005. 笋竹两用毛竹林丰产经营技术. 现代农业科技, (12): 8-15.
黄丽霞, 袁位高, 黄建花, 朱锦茹, 沈爱华. 2008. 不同经营方式下毛竹林的林分空间结构比较研究. 浙江林业科技, 28(3): 48-51.
黄杏元, 马劲松. 2008. 地理信息系统概论. 3 版. 北京: 高等教育出版社.
黄杏元, 马劲松, 汤勤. 2001. 地理信息系统概论. 修订版. 北京: 高等教育出版社.
黄衍串, 曾宪玮. 1993. 毛竹天然混交林的经营及效益. 竹子研究汇刊, 12(4): 16-23.
惠刚盈. 1999. 角尺度——一个描述林木个体分布格局的结构参数. 林业科学, 35(1): 37-42.
惠刚盈, 等. 2020. 结构化森林经营理论与实践. 北京: 科学出版社.
惠刚盈, 胡艳波. 2001. 混交林树种空间隔离程度表达方式的研究. 林业科学研究, 14(1): 23-27.
惠刚盈, 胡艳波, 赵中华. 2008. 基于相邻木关系的树种分隔程度空间测度方法. 北京林业大学学报, 30(4): 131-134.
惠刚盈, von Gadow K, 胡艳波. 2004. 林分空间结构参数角尺度的标准角选择. 林业科学研究, 17(6): 687-692.
惠刚盈, von Gadow K, 胡艳波, 徐海. 2007. 结构化森林经营. 北京: 中国林业出版社.
焦明连, 罗林. 2004. 全站仪自由设站应用于航道控制测量的图形研究. 海洋测绘, 24(6): 24-26.

金明仕. 1992. 森林生态学. 文剑平, 等译. 北京: 中国林业出版社: 424-431.
金则新. 1997. 四川大头茶在其群落中的种内与种间竞争的初步研究. 植物研究, 17(1): 110-118.
景海涛, 冯仲科, 朱海珍, 王小昆. 2004. 基于全站仪和 GIS 技术的林业定位信息研究与应用. 北京林业大学学报, 26(4): 100-103.
亢新刚. 2001. 森林资源经营管理. 北京: 中国林业出版社.
雷相东, 唐守正. 2002. 林分结构多样性指标研究综述. 林业科学, 38(3): 140-146.
李锋. 2006. 全站仪自由设站法的精度分析. 现代测绘, 29(5): 3-4, 21.
李惠彬, 张晨霞. 2013. 系统工程学及应用. 北京: 机械工业出版社.
李际平, 房晓娜, 封尧, 孙华, 曹小玉, 赵春燕, 李建军. 2015. 基于加权 Voronoi 图的林木竞争指数. 北京林业大学学报, 37(3): 61-68.
李晓文, 胡远满, 肖笃宁. 1999. 景观生态学与生物多样性保护. 生态学报, 19(3): 399-407.
李新运, 郑新奇. 2004. 基于曲边 Voronoi 图的城市吸引范围挖掘方法. 测绘学院学报, 21(1): 38-41.
李芝喜, 孙保平. 2000. 林业 GIS: 地理信息系统技术在林业中的应用. 北京: 中国林业出版社.
梁长秀, 韩光瞬, 冯仲科, 周心澄. 2005. 罗盘导线定位及其精度分析. 北京林业大学学报, 27(S2): 182-186.
林观土, 王长委, 韩锡君, 徐庆华, 陈军. 2011. 全站仪在森林生态系统大样地定位中的应用. 测绘科学, 36(4): 242-243, 207.
林金坤. 2007. 拓扑学基础. 2 版. 北京: 科学出版社.
刘彤, 李云灵, 周志强, 胡海清. 2007. 天然东北红豆杉(*Taxus cuspidata*)种内和种间竞争. 生态学报, 27(3): 924-929.
楼涛, 赵明水, 杨淑贞, 庞春梅, 王祖良, 刘亮. 2004. 天目山国家级自然保护区古树名木资源. 浙江林学院学报, 21(3): 269-274.
卢义山, 朱志祥, 钱建华, 李玉良, 王世爱. 2003. 毛竹笋材两用林配套高产高效栽培技术开发研究. 江苏林业科技, 30(2): 1-4, 20.
卢寅六. 1998. 用材毛竹林最佳年龄结构与年度新竹高产稳产的关系. 江苏林业科技, 25(3): 29-31.
陆元昌, 洪玲霞, 雷相东. 2005. 基于森林资源二类调查数据的森林景观分类研究. 林业科学, 41(2): 21-29.
禄树晖, 潘朝晖. 2008. 藏东南高山松种群分布格局. 东北林业大学学报, 36(11): 22-24.
孟宪宇. 2006. 测树学. 3 版. 北京: 中国林业出版社.
聂道平, 徐德应, 朱余生. 1995. 林分结构、立地条件和经营措施对竹林生产力的影响. 林业科学研究, 8(5): 564-569.
漆良华, 刘广路, 范少辉, 岳祥华, 张华, 杜满义. 2009. 不同抚育措施对闽西毛竹林碳密度、碳贮量与碳格局的影响. 生态学杂志, 28(8): 1482-1488.
齐国明, 徐敏, 王显胜. 2005. 谈森林结构的优化与森林生态效益的充分发挥. 防护林科技, (3): 96-115.
邵国凡. 1985. 关于林木竞争指标. 哈尔滨: 东北林业大学出版社.
孙儒泳, 李庆芬, 牛翠娟, 娄安如. 2002. 基础生态学. 北京: 高等教育出版社: 136-146.
汤孟平. 2007. 森林空间经营理论与实践. 北京: 中国林业出版社.
汤孟平. 2010. 森林空间结构研究现状与发展趋势. 林业科学, 46(1): 117-122.
汤孟平, 陈永刚, 施拥军, 周国模, 赵明水. 2007a. 基于 Voronoi 图的群落优势树种种内种间竞争. 生态学报, 27(11): 4707-4716.

汤孟平, 陈永刚, 徐文兵, 赵明水. 2013. 森林空间结构分析. 北京: 科学出版社.
汤孟平, 娄明华, 陈永刚, 徐文兵, 赵明水. 2012. 不同混交度指数的比较分析. 林业科学, 48(8): 46-53.
汤孟平, 唐守正, 雷相东, 李希菲. 2004b. 林分择伐空间结构优化模型研究. 林业科学, 40(5): 25-31.
汤孟平, 唐守正, 雷相东, 张会儒, 洪玲霞, 冯益明. 2003. Ripley's *K*(*d*)函数分析种群空间分布格局的边缘校正. 生态学报, 23(8): 1533-1538.
汤孟平, 唐守正, 雷相东, 周国模, 谢志新. 2004a. 两种混交度的比较分析. 林业资源管理, (4): 25-27.
汤孟平, 徐文兵, 陈永刚, 邓英英, 赵明水. 2011. 天目山近自然毛竹林空间结构与生物量的关系. 林业科学, 47(8): 1-6.
汤孟平, 徐文兵, 陈永刚, 娄明华, 仇建习, 庞春梅, 赵明水. 2013. 毛竹林空间结构优化调控模型. 林业科学, 49(1): 120-125.
汤孟平, 周国模, 陈永刚, 赵明水, 何一波. 2009. 基于 Voronoi 图的天目山常绿阔叶林混交度. 林业科学, 45(6): 1-5.
汤孟平, 周国模, 施拥军, 陈永刚, 吴亚琪. 2006. 天目山常绿阔叶林优势种群及其空间分布格局. 植物生态学报, 30(5): 743-752.
汤孟平, 周国模, 施拥军, 陈永刚, 吴亚琪. 2007b. 不同地形条件下群落物种多样性与胸高断面积的差异分析. 林业科学, 43(6): 27-31.
唐守正. 1986. 多元统计分析方法. 北京: 中国林业出版社.
唐守正, 李希菲, 孟昭和. 1993. 林分生长模型研究的进展. 林业科学研究, 6(6): 672-679.
天目山自然保护区管理局. 1992. 天目山自然保护区自然资源综合考察报告. 杭州: 浙江科学技术出版社: 1-260.
王本洋, 余世孝. 2005. 种群分布格局的多尺度分析. 植物生态学报, 29(2): 235-241.
王文娟, 王传昌. 2004. 天目山自然保护区森林资源数据库的构建. 福建地理, 19(1): 30-34
王小红, 郭起荣, 周祖基. 2009. 水竹和慈竹开花代谢关键因子主成分分析. 林业科学, 45(10): 158-162.
王峥峰, 安树青, 朱学雷, 杨小波. 1998. 热带森林乔木种群分布格局及其研究方法的比较. 应用生态学报, 9(6): 575-580.
吴承祯, 洪伟, 廖金兰. 1997. 马尾松中幼龄林种内竞争的研究. 福建林学院学报, 17(4): 289-292.
吴登瑜, 窦啸文, 汤孟平. 2023. 天目山针阔混交林结构与碳储量的关系. 应用生态学报, 34(8): 2029-2038.
吴丰军. 2006. 毛竹林丰产技术措施. 现代农业科技, (17): 39, 41.
吴鸿, 潘承文. 2001. 天目山昆虫. 北京: 科学出版社: 1-764.
吴胜义, 赵强国, 石昊楠. 2011. SPOT5 遥感影像在林业二类调查中的应用. 福建林业科技, 38(3): 25-31.
武红敢, 蒋丽雅. 2006. 提升 GPS 林业应用精度与水平的方法. 林业资源管理, (2): 46-50.
夏伟伟, 韩海荣, 伊力塔, 程小琴. 2008. 庞泉沟国家级自然保护区森林景观格局动态. 浙江林学院学报, 25(6): 723- 727.
夏友福. 2006. 手持 GPS 测量面积的精度分析. 西南林学院学报, 26(3): 59-61.
肖复明, 范少辉, 汪思龙, 官凤英, 于小军. 2010. 毛竹、杉木人工林生态系统碳平衡估算. 林业科学, 46(11): 59-65.
萧江华. 2010. 中国竹林经营学. 北京: 科学出版社: 121-125.
谢哲根, 于政中, 宋铁英. 1994. 现实异龄林分最优择伐序列的探讨. 北京林业大学学报, 16(4): 113-119.
邢海涛, 陆元昌, 刘宪钊, 王晓明, 贾宏炎, 曾冀. 2016. 基于近自然改造的马尾松林分竞争强度研究. 北京林业大学学报, 38(9): 42-54.
邢劭朋. 1988. 吉林森林. 长春: 吉林科学技术出版社; 北京: 中国林业出版社.
徐清乾, 陈明皋, 艾文胜. 2009. 丘岗山地毛竹低效林改造技术及效果. 中南林业科技大学学报, 29(6): 179-183.
徐文兵, 高飞. 2010. 天宝 Trimble 5800 单点定位在林业测量中的应用探析. 浙江林学院学报, 27(2): 310-315.
徐文兵, 高飞, 杜华强. 2009. 几种测量方法在森林资源调查中的应用与精度分析. 浙江林学院学报, 26(1): 132-136.
徐文兵, 李卫国, 汤孟平, 高飞. 2011. 林区地形条件对 GPS 定位精度的影响. 浙江林业科技, 31(3): 19-24.
徐文兵, 汤孟平. 2010. 全站仪双边交会法测定树木三维坐标. 浙江林学院学报, 27(6): 815-820.
杨春时, 邵光远, 刘伟民, 张纪川. 1987. 系统论 信息论 控制论浅说. 北京: 中国广播电视出版社: 23-24.
杨东. 2006. GPS 在三类调查中的应用. 黑龙江生态工程职业学院学报, 19(6): 36.
杨利民. 2001. 物种多样性维持机制研究进展. 吉林农业大学学报, 23(4): 51-55, 59.
杨淑贞, 杜晴洲, 陈建新, 刘亮. 2008. 天目山毛竹林蔓延对鸟类多样性的影响研究. 浙江林业科技, 28(4): 43-46.
叶鹏, 汤孟平. 2021. 基于 GIS 的常绿阔叶林郁闭度与树冠重叠度分析. 林业资源管理, (5): 70-79.
游水生, 梁一池, 杨玉盛, 何宗明, 兰斌. 1995. 福建武平米槠种群生态空间分布规律的研究. 福建林学院学报, 15(2): 103-106.
于帅, 蔡体久, 张丕德, 任铭磊, 张海宇, 琚存勇. 2023. 边缘校正方法对空间结构参数影响的尺度效应. 林业科学, 59(10): 57-65.
于政中. 1993. 森林经理学. 北京: 中国林业出版社: 59-60.
《运筹学》教材编写组. 1990. 运筹学. 3 版. 北京: 清华大学出版社: 444-466.
詹步清. 2002. 乳源木莲混交林种内及种间竞争研究. 福建林学院学报, 22(3): 274-277.
张金屯. 1995. 植被数量生态学方法. 北京: 中国科学技术出版社: 87-89.
张金屯. 1998. 植物种群空间分布的点格局分析. 植物生态学报, 22(4): 344-349.
张林生. 1999. 三明市梅列区毛竹资源现状分析及今后发展的对策与措施. 林业勘察设计, (2): 46-49
张思玉, 郑世群. 2001. 笔架山常绿阔叶林优势种群种内种间竞争的数量研究. 林业科学, 37(S1): 185-188.
张文辉, 卢彦昌, 周建云, 张晓辉, 史小华. 2008. 巴山北坡不同干扰条件下栓皮栎种群结构与动态. 林业科学, 44(7): 11-16.
张彦芳, 李文立, 陈智卿, 刘凤军, 刘金川. 2007. GPS 与罗盘测量在林业调查设计中的应用比较. 河北林果研究, 22(2): 159-160, 164.
张彦林, 马俊吉, 冯仲科, 李勇, 姚山. 2007. 精准测定技术在固定样地复位调查中的应用. 北京林业大学学报, 29(S2): 70-73.
张毅锋, 汤孟平. 2021. 天目山常绿阔叶林空间结构动态变化特征. 生态学报, 41(5): 1959-1969.
张跃西. 1993. 邻体干扰模型的改进及其在营林中的应用. 植物生态学与地植物学学报, 17(4): 352-357.
章皖秋, 李先华, 罗庆州. 2003. 基于 RS、GIS 的天目山自然保护区植被空间分布规律研究. 生态学杂志, 22(6): 21-27.
章雪莲, 汤孟平, 方国景, 劳振作, 石瑛英. 2008. 一种基于 ArcView 的实现林分可视化的方法. 浙江林学院学报, 25(1): 78-82.
赵春燕, 李际平, 李建军. 2010. 基于 Voronoi 图和 Delaunay 三角网的林分空间结构量化分析. 林业科学, 46(6): 78-84.
郑丽凤, 周新年, 江希钿, 官印生, 杨荣耀. 2006. 松阔混交林林分空间结构分析. 热带亚热带植物学报, 14(4): 275-280.
郑蓉, 陈开益, 郭志坚, 杨希. 2001. 不同海拔毛竹林生长与均匀度整齐度的研究. 江西农业大学学报, 23(2): 236-239.
郑郁善, 洪伟. 1998. 毛竹林丰产年龄结构模型与应用研究. 林业科学, 34(3): 32-39.
《中国森林》编辑委员会. 1997. 中国森林. 第1卷 总论. 北京: 中国林业出版社: 513-519.
周重光. 1996. 天目山森林生物多样性的生态学特征及其保续. 浙江林业科技, 16(5): 1-7.
周国模. 2006. 毛竹林生态系统中碳储量、固定及其分配与分布的研究. 杭州: 浙江大学博士学位论文.
周国模, 姜培坤. 2004. 毛竹林的碳密度和碳贮量及其空间分布. 林业科学, 40(6): 20-24.
朱会义, 刘述林, 贾绍凤. 2004. 自然地理要素空间插值的几个问题. 地理研究, 23(4): 425-432.
朱渭宁, 马劲松, 黄杏元, 徐寿成. 2004. 基于投影加权 Voronoi 图的 GIS 空间竞争分析模型研究. 测绘学报, 33(2): 146-150.
邹春静, 韩士杰, 张军辉. 2001. 阔叶红松林树种间竞争关系及其营林意义. 生态学杂志, 20(4): 35-38.
邹春静, 徐文铎. 1998. 沙地云杉种内、种间竞争的研究. 植物生态学报, 22(3): 269-274.
Aalto I, Aalto J, Hancock S, Valkonen S, Maeda E E. 2023. Quantifying the impact of management on the three-dimensional structure of boreal forests. Forest Ecology and Management, 535: 120885.
Acquah S B, Marshall P L, Eskelson B N I, Barbeito I. 2023. Temporal changes in tree spatial patterns in uneven-aged interior Douglas-fir dominated stands managed under different thinning treatments. Forest Ecology and Management, 528: 120640.
Aguirre O, Hui G Y, von Gadow K, Jiménez J. 2003. An analysis of spatial forest structure using neighbourhood-based variables. Forest Ecology and Management, 183(1-3): 137-145.
Ammer C, Weber M. 1999. Impact of silvicultural treatments on natural regeneration of a mixed mountain forest in the Bavarian Alps. // Olsthoorn A F M, Bartelink H H, Gardiner J J, Pretzsch H, Hekhuis H J, Franc A. Management of mixed-species forest: Silviculture and economics. DLO Institute for Forestry and Nature Research (IBN-DLO), Wageningen: 68-78.
Antos J A, Parish R. 2002. Dynamics of an old-growth, fire-initiated, subalpine forest in southern interior British Columbia: tree size, age, and spatial structure. Canadian Journal of Forest Research, 32(11): 1935-1946.
Arney J D. 1973. Tables for quantifying competitive stress on individual trees. Victoria, BC: Pacific Forest Research Centre, Canadian Forestry Service: 16.

Baskent E Z, Keles S. 2005. Spatial forest planning: A review. Ecological Modelling, 188(2-4): 145-173.

Bartelink H H, Olsthoorn A F M. 1999. Introduction: Mixed forest in western Europe. // Olsthoorn A F M, Bartelink H H, Gardiner J J, Pretzsch H, Hekhuis H J, Franc A. Management of mixed-species forest: Silviculture and economics. DLO Institute for Forestry and Nature Research (IBN-DLO), Wageningen: 9-16.

Bartuska A M. 1999. Cross-boundary issues to manage for healthy forest ecosystems. // Klopatek J M, Gardner R H. Landscape ecological analysis: Issues and applications. New York: Springer: 24-34.

Béland M, Lussier J M, Bergeron Y, Longpré M H, Béland M. 2003. Structure, spatial distribution and competition in mixed jack pine (*Pinus banksiana*) stands on clay soils of eastern Canada. Annals of Forest Science, 60(7): 609-617.

Bella I E. 1971. A new competition model for individual trees. Forest Science, 17(3): 364-372.

Besag J, Diggle P J. 1977. Simple Monte Carlo tests for spatial pattern. Applied Statistics, 26(3): 327-333.

Bettinger P, Tang M P. 2015. Tree-level harvest optimization for structure-based forest management based on the species mingling index. Forests, 6(12): 1121-1144.

Biging G S, Dobbertin M. 1995. Evaluation of competition indices in individual tree growth models. Forest Science, 41(2): 360-377.

Biolley E H. 1920. L'Aménagement des forêts par la méthode expérimentale et spécialement la méthode du contrôle (forest management using the experimental method, especially the control method). Paris: Attinger Frères.

Bristow M, Vanclay J K, Brooks L, Hunt M. 2006. Growth and species interactions of *Eucalyptus pellita* in a mixed and monoculture plantation in the humid tropics of North Queensland. Forest Ecology and Management, 233: 285-294.

Brown G S. 1965. Point density in stems per acre. New Zealand Forestry Service Research Notes, 38: 1-11.

Buongiorno J, Peyron J L, Houllier F, Bruciamacchie M. 1995. Growth and management of mixed-species, uneven-aged forests in the French Jura: Implications for economic returns and tree diversity. Forest Science, 41(3): 397-429.

Canham C D, LePage P T, Coates K D. 2004. A neighborhood analysis of canopy tree competition: Effects of shading versus crowding. Canadian Journal of Forest Research, 34(4): 778-787.

Clark P J, Evans F C. 1954. Distance to nearest neighbor as a measure of spatial relationships in populations. Ecology, 35(4): 445-453.

Clinton B D, Elliott K J, Swank W T. 1997. Response of planted eastern white pine (*Pinus strobus* L.) to mechanical release, competition, and drought in the southern appalachians. Southern Journal of Applied Forestry, 21(1): 19-23.

Coates K D, Canham C D, Beaudet M, Sachs D L, Messier C. 2003. Use of a spatially explicit individual-tree model (SORTIE/BC) to explore the implications of patchiness in structurally complex forests. Forest Ecology and Management, 186(1-3): 297-310.

Connell J H. 1971. On the role of natural enemies in preventing competitive exclusion in some marine animals and in rain forest trees. // Boer P J, Gradwell G R. Dynamics of populations. Netherlands: Centre for Agricultural Publishing and Documentation, Wageningen: 298-312.

Corral Rivas J J, Gonzalez J G Á, Aguirre O, Hernández F J. 2005. The effect of competition on individual tree basal area growth in mature stands of *Pinus cooperi* Blanco in Durango (Mexico). European Journal of Forest Research, 124(2): 133-142.

Courbaud B, Goreaud F, Dreyfus P, Bonnet F R. 2001. Evaluating thinning strategies using a tree distance dependent growth model: Some examples based on the CAPSIS software "uneven-aged spruce forests" module. Forest Ecology and Management, 145(1-2): 15-28.

Cressie N A C. 1993. Statistics for spatial data. New York: Wiley.

Dale M R T. 1999. Spatial pattern analysis in plant ecology. Cambridge: Cambridge University Press.

Daniels R F. 1976. Simple competition indices and their correlation with annual loblolly pine tree growth. Forest Science, 22(4): 454-456.

Daniels R F, Burkhart H E, Clason T R. 1986. A comparison of competition measures for predicting growth of loblolly pine trees. Canadian Journal of Forest Research, 16(6): 1230-1237.

De Groote S R E, Vanhellemont M, Baeten L, den Bulcke J V, Martel A, Bonte D, Lens L, Verheyen K. 2018. Competition, tree age and size drive the productivity of mixed forests of pedunculate oak, beech and red oak. Forest Ecology and Management, 430: 609-617.

De Luis M, Raventós J, Cortina J, Moro M J, Bellot J. 1998. Assessing components of a competition index to predict growth in an even-aged *Pinus nigra* stand. New Forests, 15(3): 223-242.

Donnelly K P. 1978. Simulations to determine the variance and edge effect of total nearest-neighbour distance. // Holder I. Simulation studies in archeology. Cambridge: Cambridge University Press: 91-95.

Ehbrecht M, Schall P, Ammer C, Seidel D. 2017. Quantifying stand structural complexity and its relationship with forest management, tree species diversity and microclimate. Agricultural and Forest Meteorology, 242: 1-9.

Erfanifard Y, Saborowski J, Wiegand K, Meyer K M. 2016. Efficiency of sample-based indices for spatial pattern recognition of wild pistachio (*Pistacia atlantica*) trees in semi-arid woodlands. Journal of Forestry Research, 27(3): 583-594.

Feldmann E, Drößler L, Hauck M, Kucbel S, Pichler V, Leuschner C. 2018. Canopy gap dynamics and tree understory release in a virgin beech forest, Slovakian Carpathians. Forest Ecology and Management, 415-416: 38-46.

Ferris R, Humphrey J W. 1999. A review of potential biodiversity indicators for application in British forests. Forestry: An International Journal of Forest Research, 72(4): 313-328.

Fisher R A, Corbet A S, Williams C B. 1943. The relation between the number of species and the number of individuals in a random sample of an animal population. The Journal of Animal Ecology, 12(1): 42-58.

Franklin J F, Johnson K N. 2012. A restoration framework for federal forests in the Pacific northwest. Journal of Forestry, 110(8): 429-439.

Franklin J F, Spies T A, Van Pelt R, Carey A B, Thornburgh D A, Berg D R, Lindenmayer D B, Harmon M E, Keeton W S, Shaw D C, Bible K, Chen J. 2002. Disturbances and structural development of natural forest ecosystems with silvicultural implications, using Douglas-fir forests as an example. Forest Ecology and Management, 155(1-3): 399-423.

Frazier J E, Sharma A, Johnson D J, Andreu M G, Bohn K K. 2021. Group selection silviculture for converting pine plantations to uneven-aged stands. Forest Ecology and Management, 481: 118729.

Füldner K. 1995. Strukturbeschreibung von buchen-edellaubholz-mischwäldern. Doctoral dissertation, University of Göttingen.

García Abril A, Irastorza P, García Cañete J, Falero M E, Solana J, Ayuga E. 1999. Concepts associated with deriving the balanced distribution of an uneven-aged structure from even-aged yield tables: Application to *Pinus sylvestris* in the central mountains of Spain. // Olsthoorn A F M, Bartelink H H, Gardiner J J, Pretzsch H, Hekhuis H J, Franc A. Management of mixed-species forest: Silviculture and economics. DLO Institute for Forestry and Nature Research (IBN-DLO), Wageningen: 108-127.

Gardiner J J. 1999. Environmental conditions and site aspects. // Olsthoorn A F M, Bartelink H H, Gardiner J J, Pretzsch H, Hekhuis H J, Franc A. Management of mixed-species forest: Silviculture and economics. DLO Institute for Forestry and Nature Research (IBN-DLO), Wageningen: 17-19.

Genet A, Pothier D. 2013. Modeling tree spatial distributions after partial harvesting in uneven-aged boreal forests using inhomogeneous point processes. Forest Ecology and Management, 305: 158-166.

Gurnaud A. 1886. La sylviculture française et la méthode du contrôle. Besançon: Jacquin.

Gustafsson L, Baker S C, Bauhus J, Beese W J, Brodie A, Kouki J, Lindenmayer D B, Löhmus A, Pastur G M, Messier C, Neyland M, Palik B, Sverdrup-Thygeson A, Volney Q J A, Wayne A, Franklin J F. 2012. Retention forestry to maintain multifunctional forests: A world perspective. BioScience, 62(7): 633-645.

Hanewinkel M, Pretzsch H. 2000. Modelling the conversion from even-aged to uneven-aged stands of Norway spruce (*Picea abies* L. Karst.) with a distance-dependent growth simulator. Forest Ecology and Management, 134(1-3): 55-70.

Hanus M L, Hann D W, Marshall D D. 1998. Reconstructing the spatial pattern of trees from routine stand examination measurements. Forest Science, 44(1): 125-133.

Hardiman B S, Bohrer G, Gough C M, Vogel C S, Curtis P S. 2011. The role of canopy structural complexity in wood net primary production of a maturing northern deciduous forest. Ecology, 92(9): 1818-1827.

Harrison W C, Burk T E, Beck D E. 1986. Individual tree basal area increment and total height equations for Appalachian mixed hardwoods after thinning. Southern Journal of Applied Forestry, 10(2): 99-104.

Hasse P. 1995. Spatial pattern analysis in ecology based on Ripley's *K*-function: Introduction and methods of edge correction. Journal of Vegetation Science, 6(4): 575-582.

Hegyi F. 1974. A simulation model for managing jack-pine stands. // Fries J. Growth models for tree and stand simulation. Stockholm: Royal College of Forestry. 74-90.

Hekhuis H J, Wieman E A P. 1999. Costs, revenues and function fulfilment of nature conservation and recreation values of mixed, uneven-aged forests in the Netherlands. // Olsthoorn A F M, Bartelink H H, Gardiner J J, Pretzsch H, Hekhuis H J, Franc A. Management of mixed-species forest: Silviculture and economics. DLO Institute for Forestry and Nature Research (IBN-DLO), Wageningen: 331-345.

Heusèrr M J J. 1998. Putting diversity indices into practice. // Bachmann P, Köhl M, Päivinen R. Assessment of biodiversity for improved forest planning. Dordrecht: Springer: 171-180.

Hof J, Bevers M. 2000. Optimizing forest stand management with natural regeneration and single-tree choice variables. Forest Science, 46(2): 168-175.

Holmes M J, Reed D D. 1991. Competition indices for mixed species northern hardwoods. Forest Science, 37(5): 1338-1349.

Hui G Y, Zhao X H, Zhao Z H, von Gadow K. 2011. Evaluating tree species spatial diversity based on neighborhood relationships. Forest Science, 57(4): 292-300.

Janzen D H. 1970. Herbivores and the number of tree species in tropical forests. The American Naturalist. 104(940): 501-528.

Kerr G. 1999. The use of silvicultural systems to enhance the biological diversity of plantation forests in Britain. Forestry: An International Journal of Forest Research, 72(3): 191-205.

Kint V. 2005. Structural development in ageing temperate Scots pine stands. Forest Ecology and Management, 214(1-3): 237-250.

Kint V, van Meirvenne M, Nachtergale L, Guy G, Noël L. 2003. Spatial methods for quantifying forest stand structure development: A comparison between nearest-neighbor indices and variogram analysis. Forest Science, 49(1): 36-49.

Legendre P, Fortin M J. 1989. Spatial pattern and ecological analysis. Vegetatio, 80(2): 107-138.

Leikola M. 1999. Definition and classification of mixed forests, with a special emphasis on boreal forests. // Olsthoorn A F M, Bartelink H H, Gardiner J J, Pretzsch H, Hekhuis H J, Franc A. Management of mixed-species forest: Silviculture and economics. DLO Institute for Forestry and Nature Research (IBN-DLO), Wageningen: 20-28.

Li Y F, Ye S M, Hui G Y, Hu Y B, Zhao Z H. 2014. Spatial structure of timber harvested according to structure-based forest management. Forest Ecology and Management, 322: 106-116.

Liang J J, Crowther T W, Picard N, Wiser S, Zhou M, Alberti G, Schulze E-D, McGuire A D, Bozzato F, Pretzsch H, de-Miguel S, Paquette A, Hérault B, Scherer-Lorenzen M, Barrett C B, Glick H B, Hengeveld G M, Nabuurs G-J, Pfautsch S, Viana H, Vibrans A C, Ammer C, Schall P, Verbyla D, Tchebakova N, Fischer M, Watson J V, Chen H Y H, Lei X D, Schelhaas M-J, Lu H C, Gianelle D, Parfenova E I, Salas C, Lee E, Lee B, Kim H S, Bruelheide H, Coomes D A, Piotto D, Sunderland T, Schmid B, Gourlet-Fleury S, Sonké B, Tavani R, Zhu J, Brandl S, Vayreda J, Kitahara F, Searle E B, Neldner V J, Ngugi M R, Baraloto C, Frizzera L, Bałazy R, Oleksyn J, Zawiła-Niedawiecki T, Bouriaud O, Bussotti F, Finér L, Jaroszewicz B, Jucker T, Valladares F, Jagodzinski A M, Peri P L, Gonmadje C, Marthy W, O'Brien T, Martin E H, Marshall A R, Rovero F, Bitariho R, Niklaus P A, Alvarez-Loayza P, Chamuya N, Valencia R, Mortier F, Wortel V, Engone-Obiang N L, Ferreira L V, Odeke D E, Vasquez R M, Lewis S L, Reich P B. 2016. Positive biodiversity-productivity relationship predominant in global forests. Science, 354(6309): aaf8957.

Loewenstein E F. 2005. Conversion of uniform broadleaved stands to an uneven-aged structure. Forest Ecology and Management, 215(1-3): 103-112.

Long J N. 2009. Emulating natural disturbance regimes as a basis for forest management: A North American view. Forest Ecology and Management, 257(9): 1868-1873.

Lorimer C G. 1983. Tests of age-independent competition indices for individual trees in natural hardwood stands. Forest Ecology and Management, 6(4): 343-360.

Lotwick H W, Silverman B W. 1982. Methods for analysing spatial processes of several types of points. Journal of the Royal Statistical Society Series B: Statistical Methodology, 44(3): 406-413.

Mailly D, Turbis S, Pothier D. 2003. Predicting basal area increment in a spatially explicit, individual tree model: A test of competition measures with black spruce. Canadian Journal of Forest Research, 33(3): 435-443.

Martin G L, Ek A R. 1984. A comparison of competition measures and growth models for predicting plantation red pine diameter and height growth. Forest Science, 30(3): 731-743.

Mason W L, Quine C P. 1995. Silvicultural possibilities for increasing structural diversity in British spruce forests: The case of Kielder Forest. Forest Ecology and Management, 79(1-2): 13-28.

Messier C, Puettmann K J, Coates K D. 2013. Managing forests as complex adaptive systems: Building resilience to the challenge of global change. New York: Routledge: 3-16.

Moeur M. 1993. Characterizing spatial patterns of trees using stem-mapped data. Forest Science, 39(4): 756-775.

Munro D D. 1974. Forest growth models - a prognosis. // Fries J. Growth models for trees and stand simulation. Stockholm: Royal College of Forestry: 7-21.

Nagel T A, Zenner E, Brang P. 2013. Research in old-growth forests and forest reserves: Implications for integrated forest management. Integrative approaches as an opportunity for the conservation of forest biodiversity. Freiburg: European Forest Institute: 44-50.

North M, Chen J Q, Oakley B, Song B, Rudnicki M, Gray A, Innes J. 2004. Forest stand structure and pattern of old-growth western hemlock/Douglas-fir and mixed-conifer forests. Forest Science, 50(3): 299-311.

Nyland R D. 2003. Even- to uneven-aged: The challenges of conversion. Forest Ecology and Management, 172(2-3): 291-300.

Obataya E, Kitin P, Yamauchi H. 2007. Bending characteristics of bamboo (*Phyllostachys pubescens*) with respect to its fiber–foam composite structure. Wood Science and Technology, 41(5): 385-400.

Ohsawa M. 1984. Differentiation of vegetation zones and species strategies in the subalpine region of Mt. Fuji. Vegetatio, 57(1): 15-52.

Onaindia M, Dominguez I, Albizu I, Garbisu C, Amezaga I. 2004. Vegetation diversity and vertical structure as indicators of forest disturbance. Forest Ecology and Management, 195(3): 341-354.

Peterson C J, Squiers E R. 1995. An unexpected change in spatial pattern across 10 years in an aspen-white-pine forest. Journal of Ecology, 83(5): 847-855.

Pielou E C. 1961. Segregation and symmetry in two-species populations as studied by nearest-neighbour relationships. Journal of Ecology, 49(2): 255-269.

Pielou E C. 1966. The measurement of diversity in different types of biological collections. Journal of Theoretical Biology, 13: 131-144.

Piutti E, Cescatti A. 1997. A quantitative analysis of the interactions between climatic response and intraspecific competition in European beech. Canadian Journal of Forest Research, 27(3): 277-284.

Põldveer E, Korjus H, Kiviste A, Kangur A, Paluots T, Laarmann D. 2020. Assessment of spatial stand structure of hemiboreal conifer dominated forests according to different levels of naturalness. Ecological Indicators, 110: 105944.

Pommerening A. 2002. Approaches to quantifying forest structures. Forestry, 75(3): 305-324.

Pommerening A. 2006. Evaluating structural indices by reversing forest structural analysis. Forest Ecology and Management, 224(3): 266-277.

Pretzsch H. 1997. Analysis and modeling of spatial stand structures. Methodological considerations based on mixed beech-larch stands in Lower Saxony. Forest Ecology and Management, 97(3): 237-253.

Pretzsch H. 1999. Structural diversity as a result of silvicultural operations. // Olsthoorn A F M, Bartelink H H, Gardiner J J, Pretzsch H, Hekhuis H J, Franc A. Management of mixed-species forest: Silviculture and economics. DLO Institute for Forestry and Nature Research (IBN-DLO), Wageningen: 157-174.

Puettmann K J, Coates K D, Messier C. 2012. A critique of silviculture: Managing for complexity. Washington: Island Press.

Ripley B D. 1977. Modelling spatial patterns. Journal of the Royal Statistical Society Series B: Statistical Methodology, 39(2): 172-192.

Sharma A, Bohn K K, McKeithen J, Singh A. 2019. Effects of conversion harvests on light regimes in a southern pine ecosystem in transition from intensively managed plantations to uneven-aged stands. Forest Ecology and Management, 432: 140-149.

Shi H J, Zhang L J. 2003. Local analysis of tree competition and growth. Forest Science, 49(6): 938-955.

Shimatani K. 2001. Multivariate point processes and spatial variation of species diversity. Forest Ecology and Management, 142(1-3): 215-229.

Simpson E H. 1949. Measurement of diversity. Nature, 163: 688.

Spathelf P. 2003. Reconstruction of crown length of Norway spruce (*Picea abies* L. Karst.) and Silver fir (*Abies alba* Mill.) – technique, establishment of sample methods and application in forest growth analysis. Annals of Forest Science, 60(8): 833-842.

Stiers M, Willim K, Seidel D, Ehbrecht M, Kabal M, Ammer C, Annighöfer P. 2018. A quantitative comparison of the structural complexity of managed, lately unmanaged and primary European beech (*Fagus sylvatica* L.) forests. Forest Ecology and Management, 430: 357-365.

Thiessen A H. 1911. Precipitation averages for large areas. Monthly Weather Review, 39: 1082-1089.

Tomé M, Burkhart H E. 1989. Distance-dependent competition measures for predicting growth of individual trees. Forest Science, 35(3): 816-831.

Tomé M, Sales Luís J S, Loreto Monteiro M, Oliveira Â C. 1999. Mixed-species forests in Portugal: Perspectives for the development of management-oriented growth models. // Olsthoorn A F M, Bartelink H H, Gardiner J J, Pretzsch H, Hekhuis H J, Franc A. Management of mixed-species forest: Silviculture and economics. DLO Institute for Forestry and Nature Research (IBN-DLO), Wageningen: 175-185.

von Gadow K, Bredenkamp B. 1992. Forest management. Pretoria: Academica.

von Gadow K, Füldner K. 1992. Zur Methodik der Bestandesbeschreibung. Vortrag Anlaesslich der Jahrestagung der AG Forsteinrich-tung in Klieken b. Dessau.

Weiner J. 1984. Neighbourhood interference amongst *Pinus rigida* individuals. Journal of Ecology, 72(1): 183-195.

Weintraub A, Cholaky A. 1991. A hierarchical approach to forest planning. Forest Science, 37(2): 439-460.

Wells M L, Getis A. 1999. The spatial characteristics of stand structure in *Pinus torreyana*. Plant Ecology 143(2): 153-170.

Zeller L, Pretzsch H. 2019. Effect of forest structure on stand productivity in Central European forests depends on developmental stage and tree species diversity. Forest Ecology and Management, 434: 193-204.

Zenner E K. 2015. Differential growth response to increasing growing stock and structural complexity in even- and uneven-sized mixed *Picea abies* stands in southern Finland. Canadian Journal of Forest Research, 46(10): 1195-1204.